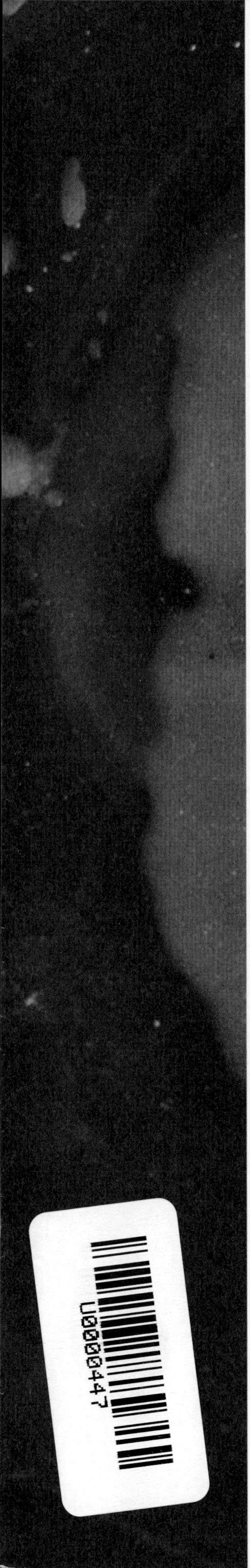

目次

2 特集
尋找 喜歡的椅子之旅

4 part 1 問卷調查
「喜歡的椅子」

14 我的玩偶剪貼簿❸久保百合子
郵票吉祥物號碼君

16 part 2 對談・聊椅子
木工設計師 三谷龍二 ＋ 建築家 中村好文

20 料理家米澤亞衣的私房食譜⓬
義大利日日家常菜
醋漬烤甜椒

22 桃居・廣瀨一郎 此刻的關注⓯
探訪 熊谷幸治的工作室

28 留存在飛田和緒印象中的❽
「伴手禮」
栗鹿之子、紫蘇卷杏桃

30 專訪《麵包、湯與貓咪日和》
小林聰美、鰐真佐子
在食物與料理中
找到人與人的新感情

36 日日・人事物❿小器食堂

38 日日・人事物⓫
跨越三個世紀的漢藥老舖
探訪後浦「存德藥房」、「存仁堂」

42 器之履歷書❶三谷龍二
茶托

44 連載 美味創造者❷
在善光寺的香客房
「淵之坊」享用的素食料理

50 公文美和的攝影日記❼美味日日

52 嶺貴子的生活花藝❶多肉植物組合

54 34號的生活隨筆❻生活原始的步調

＋ 書架探訪❸堀部篤史
「膨脹的想法」

關於封面

到山梨縣的山間町上野原，
拜訪熊谷幸治是在早春的某個晴天。
庭院里的水仙也才剛發芽，
這一期的封面是熊谷幸治工作室桌上的圓板。
這是要為土器上蜜蠟時使用的工具。
金屬板上附著著蜜蠟，形成了奇妙的顏色與質感。
攝影師日置武晴總是會發現有趣的東西和拍攝角度呢！

特集

尋找喜歡的椅子之旅

椅子，

一個在生活中隨手使用的物品，
在日本的歷史並沒有那麼悠長，
想遇見一張鍾情的椅子也不是那麼容易。
尋找一張屬於自己的椅子的旅程，
就從問卷調查開始。

我們請平時擺售《日々》的藝廊與雜貨店、器皿店等店家協助調查，
跟大家分享他們喜歡的椅子。
讀這些問卷後會發現，
原來一張椅子裡也蘊藏了那麼多的故事。

Part2裡，建築家、也是家具設計師的中村好文，
與曾跨足設計過兒童椅等作品的三谷龍二，
談談「椅子」的二、三事。

part 1

問卷調查

「喜歡的椅子」

椅子照片—受訪者提供　翻譯—蘇文淑

●表田典子
（gallery ten／千葉）

〈凳子〉

設計、製作……杉村徹

杉村徹是我很欣賞的木工設計師，我那時候也是一眼就看上這張凳子。核桃木的色澤乾淨又俐落大方，而且很輕巧，不管什麼情況都很好用，踩著當踏椅、坐著、陳設花器都行。

坐著時椅面的弧度正好貼合臀部，愈坐愈舒適。

我通常坐這張凳子吃飯。我家廚房比客廳低三個臺階，廚房跟客廳之間有一張桌子，而客廳的地板台階就正好當成這張桌子一邊的椅子。廚房這側擺了這張凳子，對坐著吃飯時可以使用。

●石村由起子
（秋篠之森　月草／奈良）

〈兒童椅〉

設計、製作……父親

我家有把日常使用的韋格納（Hans Wegner）的Y形椅，已經用了30年，最近剛換過椅面，所以坐起來很服貼，像是自己身體的延伸一樣。若在那緊繃的椅子上坐下，整個人都精神煥發了。不過曲木椅背還是看得見被歲月染成像糖一樣的黃褐色，跟著30年來的回憶一起包覆住身體。

還有一件父親在我小時候做的椅子，是我們家很珍貴的回憶。

椅子的椅背上設計了鬱金香形鏤空，很可愛。雖然已經搖搖晃

晃、斑駁老舊，但因為是很重要的椅子，現在仍很珍惜。雖然父親已經過世很久，可是那張椅子讓我們覺得他還在我們身邊。

●和田今日（Sabita／北海道）

〈算是凳子？〉

美國早期舊物

這張椅子是我在舊貨店裡找到的，我很喜歡它布料椅面跟木

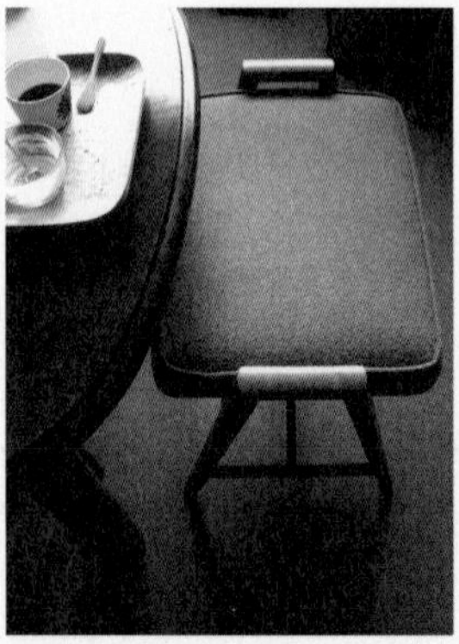

件的搭配，還有綠色跟布料的質感，所以就買回家。它有點像是比較高的腳凳？通常我是自己坐，有客人時就請客人坐。

坐在地上、背靠著這張椅凳也很舒服。使用上沒什麼限制，很自由，不管從什麼方向都能一屁股坐下。椅面寬敞，很喜歡它能像在榻榻米上一樣把腳盤起來。

●鍛冶屋明美
（T.S.House／鹿兒島）

〈白色小椅子〉

設計、製作……鍛冶屋明美

這張小椅子是請人用祖父擁有的山林裡的杉木做成的。

女兒還小時，我努力找一張適合她的小椅子，可惜遍尋不著，乾脆自己設計、請人做。

雖然這張椅子並不完美，可是

素淨而溫潤，透露出了我們全家人對女兒的關愛。

現在我家幾個孩子都已經長大了，這張椅子就放在玄關旁，一直是我家的寶貝。

●松原幸子
（閒賦終日／東京）

〈很有存在感的椅子〉

設計、製作……羽生野亞

用山櫻木跟鐵件做成的灰色的椅子，當初因為它的椅面比較大、椅背舒服、整體具有存在感，而且我喜歡它的木頭質感，就買了下來。後來發現無論是坐下時的舒適度、機能性，或只是簡單擺著都很好看，也很好用，現在是我店裡不可或缺之物。

另外還有一張Y形椅，在我們夫妻某次大吵時，椅腳斷裂。我們請別人換掉木腳，把那椅子給救了回來。目前使用的椅子裡，擁有夫妻過往吵架回憶的就是那張Y形椅了。

●村松尚美
（Mes poteries／靜岡）

〈休閒椅PK22〉

設計……Poul Kjærholm

紅色皮面，那時候我第一眼就看中了這張椅子，可是價格太高，有點猶豫。沒想到聽說快漲價了，紅色正好有現貨。我那時候家裡正好需要這樣一張椅子，於是下手。

另一個原因是決定好皮面顏色後，成品要等一個月後才會到，所以我想「好吧，不如就趁現在買吧！」

這張椅子雖然所費不貲，可是

與其買一堆椅子，還不如買一張真正喜歡的，好好愛惜它，讓它為自己帶的生活來愉悅。那時候給自己找了這樣的理由，不過現在真的很慶幸當時買了它！

就像它的暱稱「豉甲蟲」一樣，這張椅子的設計簡潔，沒有一絲累贅，坐起來很舒服，皮革質感柔軟，我很喜歡。

●岸本雄二
（一葉藝廊／廣島）

〈BOX〉

設計……野井成正

這張〈BOX〉由設計與管理「一葉」店舖的野井成正先生設計，它是我們小學時坐的那種椅子的現代版。

線條很簡單，木頭散發出了一種溫暖的質地，牢固穩健，簡潔又富機能性。不管從什麼方向看這張椅子，它都很自然地融入於空間中。

從我們「一葉」開張後，這張椅子就是我們店裡重要的一份子。我大概從五年前起開始覺得不曉得是不是因為它的緣故，很多客人都會跟我們聊起小時候的往事呢。

椴木合板，原木色。

●梅崎枝見子
（手工藝店梅屋／福岡）

〈多用途長椅〉

設計、製作……山口和宏

木工設計師山口和宏幫我們製作的長椅。店裡舉辦活動（音樂會、座談會、展覽）時，它就常派上用場。

山口先生的創作一向追求清簡的美感，所以我請他幫我這個忙。我也很喜歡這張椅子木紋的溫柔氣息。

這張長椅坐多久都不膩，擺在陽光和煦的角落裡躺著睡午覺也很舒服。

小時候我家裡的緣廊上擺了藤椅，我很懷念那張可以伸長腿、慵懶躺著的椅子，可能在不知不覺中開始追求起這樣的意象吧。

●青山美波（BOOK246／東京）

〈可收納的椅子〉

設計……oyadica（我）

我的日常生活幾乎都圍繞著餐桌打轉，所以這幾張把椅子不但是用來招呼客人的座椅，也是我的工作椅、讀書椅，是幾乎所有

情況都登場的椅子。

我想設計沒有「內面」、兼具收納機能的椅子，所以設計成這種樣子。在椅背跟椅座裡我都設計了收納空間，藉此表現出量體與色彩的有趣對比。

對我來講，這個作品是在追求美感與舒適度應該在哪裡達到平衡的過程中，一個重要的歷程。

TMJD-ago
TokyoDesignersWeek 2008
ZERO EXHIBITION 參展作品

●梶田真二（梶田咖啡／愛知）

〈陶椅〉

設計、製作……中園義光

那時候我正在找適合放在店外的椅子，可是一直沒找到，跟認識的陶藝家朋友中園義光提到這件事後，決定請他幫我製作。這兩張椅子上施加了銀釉。

我喜歡這兩張椅子簡單中又帶有高雅質感，自然融入於周遭環境中。因為是親手做的椅子，有種獨特的韻味。有時候店裡客滿了，我就請客人先坐在椅子上等一下。沒人坐時，它們就像美術

品一樣營造出咖啡店的氣氛。

●久保百合子（造型師）

〈椅凳〉

設計、製作……岩瀧史尚

理光頭、有著一雙晶亮瞳孔的木工設計師岩瀧史尚構想了五年。在經過縝密的設計後，他一個人埋頭苦幹，才創作出了這批椅凳。

去年在東京最熱的那一天所舉辦的Factory Camp展覽中，場內

率性地擺滿了大小不一、木料各異的椅凳。

來看展的群眾就把椅凳擺在自己喜歡的位置上，大家各自喝著咖啡休息。

如果有機會的話，我想跟那天碰見的人再約在一個有泥土地的公園聚會，大家把自己買回去的椅凳帶去，那一定會是很愉悅舒爽的一天。

●內野隆（白三葉／熊本）

〈DESKWORK CHAIR〉

設計、製作……TRUCK

差不多10年前起，我太太每次去大阪時一定會跑到TRUCK。我們在２００５年從橫濱搬到了熊本，開車南下的途中，太太提議去TRUCK買幾把將來在新家用的椅子，結果去了之後，我的

確看中了想要的東西，於是就當場訂了兩把同款不同色的椅子。其實我太太比較喜歡棕色的，但這張都是我在用，她只好用黑的。我工作時幾乎都坐在這張椅子上，它的色澤愈來愈美了。

我很少意識到自己正坐在這張椅子上的這件事，因為它實在太舒服了，每天都用得輕鬆自在。我屁股上沒什麼肉，所以久坐時我會盤腿，而這張椅子盤起腿來也很舒服，這種稍微有點悠閒感的特色也是我喜歡它的原因。應該會用很久。

●加藤洋子（山毛櫸／愛知）

〈木椅〉

快被燒掉前一刻搶救下來的

小學和中學的木桌椅要汰換成鐵管折疊椅時，我正好在大阪的小學教書。這些木椅被拿到小學操場的一個角落焚燒，我一看到就去要了兩把。因為只有一輛腳踏車，更多就載不走了。我那時候的心情大概是捨不得長久以來熟悉的物品被扔進火裡燒毀吧！總之一把也好、兩把也好，能救多少算多少。那時候的影像到現在還留在我腦海裡。這兩把椅子，跟著我從大阪搬到愛知，陪我共度人生，對我來講很重要。

現在它們被展示在店裡，我覺得它們陪我一路走來，很適合代表我們店的意象，所以跟畫家商量過後，請他把椅子畫成畫，做成我們店的名片。

●八柳隆秋（生活器物MIKE／秋田）

〈稍坐時用的椅子〉

設計、製作……田村康之

我家是住宅兼店舖，這張小椅子擺在玄關讓客人坐。原木色、無塗裝。差不多15年前，我想找把沒有椅背、可以擺在玄關臨時使用的小椅子。

但喜歡的東西很難找，所以後來請陶藝家朋友田村幫我做。

這張粗獷的小椅子沒有施加塗料，可是在這15年來的歲月裡，因為陽光的關係，顏色變得愈來愈沉穩，椅子也在不斷的擦拭下，表面變得愈來愈光滑。

雖然這張椅子沒有椅背，可是邊緣有個小小的立件。它是這個世界上獨一無二，今後也會安安靜靜地陪我們走過往後生活的一張椅子。

●Araki Fumiko（café gallery tanne／新潟）

〈沙發椅〉

設計、製作……應該是飛驒家具

這張椅子平常開店時給客人使用，休息後就是我心愛的休閒椅。我當初買它的原因是因為它的線條跟配色很有飛驒家具的風格，也喜歡木件跟布料（椅面下

是橡膠）的感覺、還有它的形狀。

它的線條剛好可以包覆起身體，坐在上面的時候，會覺得舒服得快睡著了。我開這家店前把它放在家裡，開店之後才搬到店裡來。現在它是客人最愛坐的椅子。不過因為是沙發椅，坐著吃午餐有點不方便……。

●瀨良田佐和子（onnellinen／東京）

〈卡里的椅子〉

設計、製作……Kari Virtanen

我差不多3年前去拜訪卡里（Kari Virtanen）在芬蘭菲斯卡（Fiskars）開設的工作室，見到了卡里，在參觀他的工作室時買了這張椅子。

我之所以買它是因為它的大小

跟設計是我喜歡的，而且最小的一張正好可以自己搭機帶回來。

常見的設計與材質，看不膩的紋理，讓人很喜歡。同時，用途也很廣泛，現在擺在店裡陳設各種物品。材質是白樺木。

●森美枝子
（蒼藝廊／宮城）

〈換過椅面的椅子〉

品牌……Herman Miller

這是某間家具廠商在展間展示的椅子，歇業時把它拿出來賣。

布質椅面有香菸燒過的痕跡，也有髒污，所以一張只賣3千日圓竟然還是賣不掉。我看到它們時，毫不猶豫就買了4張，把椅面換新，讓它們重生。

這4張都是原廠椅，每次年輕客人看到它們都眉開眼笑，現在我把這些椅子搭配韋格納的圓木桌一起使用。

這張椅子的腰部設計得很服貼，坐下來後，背部會很自然地跟椅子貼合在一起，讓人輕鬆愉快，所以我對它們很滿意。真不愧是赫曼．米勒（Herman Miller）的椅子。這張椅子的椅面不會過高，腳不容易痠。流線造型也很優美。

Exclusive Licensee of Herman Miller Furniture Products A500710

●八代繪里子
（get well soon／福島）

〈凳子〉

從以前就在我家

坐的地方圓圓的，底下有4支腳的木凳。以前這種簡單木凳隨處可見。原本整張凳子都漆成水

藍色，後來四處掉漆、斑駁，我覺得這樣也很有味道。

我猜這張凳子應該是曾祖父買的，我只是把家裡的現成物拿來用而已，我家誰也不知道這張椅子是怎麼來的。不過它一直在那裡，讓人很安心。

●中村直美
（susiee cooper／北海道）

〈木椅〉

舊物

準備開咖啡店時，我逛了很多舊貨店，那時候我心裡對於物品的形態跟氣質有一些想法。我覺得椅子不要都用一樣的，讓不一樣的椅子在一家小小的咖啡店裡和諧共存，那樣看起來有點不可思議，卻很有魅力。

我買家具跟雜貨時不會挑牌子，只要喜歡就好。不過有好幾次在買回來後意外發現是有品牌的東西。我希望今後能買更多好椅子，而且最好還是舊貨。

●森澤孝江（konoha／山梨）

〈折疊椅〉

設計……吉村順三（建築家）
品牌……設計工房MandM

平時把它折起來收在牆壁跟家具之間，有客人來時，就拿出來組好，說聲：「請坐」。

每次客人都被我們嚇一跳，大家開始聊起椅子。日本的居家空間很小，我覺得這種類似在和室空間中隨時都能拿出座墊來使用的感覺很棒。

當初買這張椅子，是因為它是我尊敬的建築家為了日本的狹小住宅所特別設計的。八岳音樂廳用的也是這張椅子。我被它坐起來的舒適度與有生活痕跡的感覺所吸引，也喜歡松木跟皮革的質感。設計得很簡單，坐起來很舒服。

放在房裡時，看起來不過度顯眼，像是空間的一部分一樣，有種難以言喻的韻味。

久坐的時候，身體著力點也不會集中在同一個地方，身體不容易痠痛。而且還可以折起收納，真是太方便了。坐在上面的時候，心情特別輕鬆，連咖啡都會變得好喝。

●藤田曜功（Pâte a chou／東京）

〈老椅子〉

購自舊貨店店

10年前左右，我在立川的舊貨店發現這張椅子。它的風情以及

長年使用下所散發出的獨特存在感讓我買下了它。

它能帶給空間不一樣的味道，這點我很喜歡。現在放在我們店裡的咖啡區使用。

以前我家用矮桌，不需要椅子，我一直覺得如果有一天陳設改變的話就能買椅子了。最近剛把矮桌換成了一般桌子，正打算要購買。以前我就想買的名單有「團圓工藝椅」、「團圓麻朝椅（上田麻朝設計）」、「舒服又光滑的椅子（小泉誠設計）」。

●嶋田真裕美（綠草文庫／福井）

〈修一修再用的椅子〉

以前是祖母的椅子

這張是店裡招待客人時用的椅子，老實說不是很舒服，不過我母親跟祖母都用過，所以我把它是當成珍貴的回憶，珍惜著。

我很喜歡已經過世的祖母，所以想把她以前每天用的東西放在身邊，變成我生活的一部分。

這張椅子雖然不太能發揮椅子的機能，但有它在我就很安心。

現在我仍會用它，壞了就修理，我沒有什麼特別想買的椅子，不過有時候會覺得好像應該要買一把舒服一點的給客人坐。

並不是執著於祖母的椅子，只是希望能好好珍惜在我生命中重要的人所使用過的東西。

●鵜飼健太郎（RUSTIC HOUSE／愛知）

〈K Chair〉

製作……刈谷木材（Karimoku 60）

我買它是因為喜歡它的舒適度，也認同長岡賢明對於Karimoku 60這系列所抱持的理念，於是買來擺在我們店裡的咖啡區。

現在我還記得2004年時，我在D&D附設的咖啡店裡第一次坐到這張椅子時，它帶給我的感動。就好像在自己家一樣，看書、發呆，完全忘了時間……。

我想這是一張「品質優良」、愈用愈喜愛的椅子。

●飛田和緒（料理家）

〈長椅〉

設計……飛驒家具

不曉得為什麼，我比較喜歡跟別人並坐著聊天吃飯，比面對面更讓我放鬆，因此我一直很喜歡長椅。

這張長椅的尺寸足以供3、4個人使用，表面鋪野豬皮，如果好好上油保養的話，大概就不

會發生我現在面臨的情況了吧？用了20年之後，皮革愈來愈硬，不過也另有一番味道。最近我把它搬到窗邊，有時女兒會坐在上頭，搖晃雙腳看著故事書。

●日置武晴（攝影師）

〈椅凳〉

太舊了，修理過

在差不多兩年前因為《日々》雜誌採訪的關係，拜訪了在三浦半島的三崎設置工作室的陶藝家伊藤環。那時在他帶我去的古董店裡，發現了這張凳子。

這張凳子好像因為椅面跟椅腳之間平衡不良的關係，曾經改造過椅面，但這也讓它更有趣，所以我就把它放進車子載回來。

現在它擺在我的小桌子前方，我看正片的時候就坐在上面。

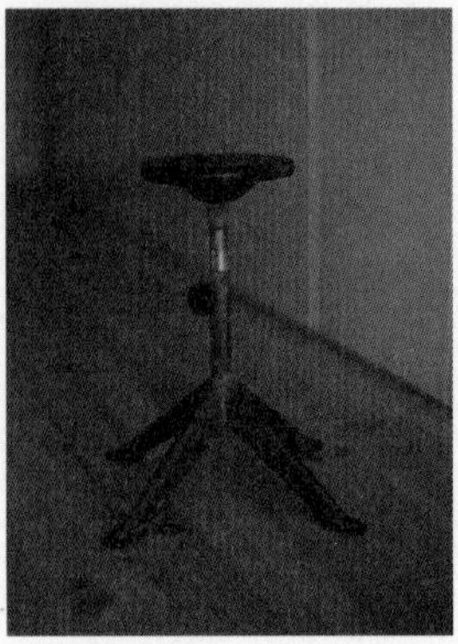

●山下賢二（Gake書房／京都）

〈長椅〉

從我出生時就有了

這張長椅有時候是展示台、有時候是客人放鬆的場所，辦音樂會時，又成為音樂家的舞台椅。我欣賞它綠色的皮革椅面、椅背跟木頭椅腳的搭配。只要擺進這張長椅，空間就有了張力。

我喜歡來歷不明、看起來普通又不可思議的椅子。以後需要添購椅子的話，我還是偏好這一類型。

●尾崎忍（Garden Bread／三重）

〈再生椅〉

使用回收來的椅腳打造的

我喜歡古老的事物，不過我不會花大錢買東西，我幾乎都從我祖父那裡接收，或用我先生家代代傳下來的物品。除了「舊」之外，我覺得一樣物品最好還能讓人想起它跟某個人的連結。

這張椅子是用我公公從大型回收垃圾場裡撿回來的椅腳製作而成的。

目前擺在店裡讓喝茶的客人使用。它看起來並不會太刻意，我覺得這一點很棒。

●前田博（TABLE GALLERY／高知）

〈扶手椅〉

設計……Alvar Aalto

我曾經在1995年6月時去芬蘭看阿瓦奧圖（Alvar Aalto）的建築作品，那次去了7天6夜，租車在芬蘭四處造訪他的房子。那段期間，他將生活的豐饒，特別是工作上的謙虛，完全都表現在建築上，使我深受感動，並在赫爾辛基的街上漫步欣賞。剛好看見了奧圖的店，就走進去逛。

在那裡，我遇見了這張心愛的奧圖椅子，我拜託店家用海運寄送，等了將近一個月才到。

如今已經過了15年，這張椅子一直被固定放在我家餐桌旁的某個位置上。現在皮革變成了像糖果一樣的黃褐色，有些地方也宛如訴說著歲月的故事般留下了污漬。現在我愈來愈覺得它是我個人的角落，而它也愈來愈有風華韻味。

●杉村有子（sonorite'／愛知）

〈Tam Tam椅（矮凳）〉

設計……Henry Massonnet
生產……STAMP公司

這是我在店內用的椅子，有時也拿來當踏腳台。聚丙烯材質，造形類似Tam Tam（非洲鼓），椅面跟椅身可以拆解成三部分。顏色跟形狀很活潑有趣，所以我就買了回來。很輕，可是很穩，能當成踏腳台。因為是塑膠產品，清潔起來很輕鬆，對我這種小個子來講高度也剛好。我記得我念小學4年級時，學校的課桌椅改成了鐵管製，冬天很冷，媽媽還特地縫了椅墊給我帶去學校，綁在椅子上用呢。我自己開店後，為自己買了一張沙發當獎賞。那時候需要一點膽量，因為那是我買過最貴的椅子！現在擺在我房裡，看書時使用。本來這次意見調查時想填那張沙發，不過最後還是選了我每天開開心心使用的Tam Tam椅。

●高橋真尚（pain de musha musha and coffee／櫪木）

〈創君的椅子〉

設計、製作……橫溝創

這是我當設計師的朋友創君做的椅子，他就住在我們店隔壁。我第一次去陶藝市集逛時，一眼看中這張攤位上的作品，所以就買回來。

這張椅子小歸小，但大人使用也沒問題。椅面使用了舊材料，讓它形成一種很棒的平衡感。

我覺得創作者自己做的椅子很迷人，而且這還是一把舊椅子。我喜歡舊器物的氣息。

●上野智子（tote／福岡）

〈搖椅〉

購自暢貨中心

我很喜歡電影《小羅塔》（Lotta på Bråkmakargatan），影片中，貝蕊奶奶家就有一把這種搖椅。我小時候看了外國電影後一直很嚮往。這家店準備開張時，明明要找的是其他東西，卻最先買了這張椅子。

這張椅子平時不太常用，不過一坐下來就會很放鬆。我家小孩的朋友來時，也很喜歡這張椅子。搖椅就是能讓大人小孩都覺得放鬆、快樂的椅子。

●影島直子（sinilintu／靜岡）

〈教堂椅〉

生產……Momo Natural

以前擺在家裡，現在拿來店裡當成打電腦或做事時用的椅子。

我想找教堂椅的時候，發現了這張椅子，它的線條跟舒適感都很符合我想要的樣子，於是購入。因為用舊木料做成，有種獨特的風味跟溫暖的質感。

●中村敬子（季之雲／滋賀）

〈Aeron Chair〉

生產……Herman Miller

我先生跟我都飽受腰痛所苦，還曾經動過椎間盤突出的手術，所以想乾脆買這張椅子來當成長

時間久坐的工作椅。那時候先訂了一張，結果店家搞錯，送來了兩張。

對我們來說，那時候兩張椅子的價錢是很大的負擔，但我還是咬牙買了，現在覺得真是買對了！

這張椅子比我們想像得還舒服。已經坐了10年，到現在我還是不時讚嘆於它的美好。每天我坐在這張椅子上打電腦打上一整天或者處理其他工作。自從買了它後，我真的沒碰過比它更適合久坐的椅子。

●明石育久美（小鳥／北海道）

〈圓椅〉

舊椅子

這張椅子很舊了，我猜是以前腳踏式縫紉機用的椅子。雖然沒有椅背，但椅腳高度剛好適合我這矮個子的腿長，恰到好處呢。

我喜歡一坐上這張椅子時，背自然挺直的感覺，而且這張椅子完全沒用到一根釘子，展現了手工製品的可貴。

現在我把它收在櫃檯下，沒有客人時，那裡就是我的小小休息區。在這家座位空間這麼小的店內，有客人湧進來時這張椅子真的很好用，隨時能拿出來應急。有時還可以當成小桌子。很意外的是小朋友也很喜歡這張椅子，大家都搶著坐。我想這是一把跟我很有緣的椅子，所以才會來到我身邊。

●廣瀨一郎（桃居／東京）

〈單邊扶手休閒椅〉

設計……中島勝壽

我向來很尊崇中島勝壽的創作，剛好生活裡有機會使用這樣一把椅子，就買了。現在擺在客廳裡，有客人來時就讓客人坐，平常自己喝咖啡、喝茶、翻翻攝影集、畫冊時都坐這張椅子。

使用時的舒適度當然沒話說，除此之外，作為一個「物件」，這張椅子存在於彼處（客廳），對我來講具有激勵作用，這也是我鍾情於它的一個原因。就像我們能從美好的繪畫跟雕刻中得到鼓勵一樣，美好的家具跟器物也能為我們帶來生存的勇氣。材質為美國黑核桃木。

●向井直子（#1/2｛demi｝／鹿兒島）

〈兒童長椅〉

荷蘭舊物

這張椅子大多擺在店裡放包包或陳設器具使用，有時也會把它拉到後頭的住家當成餐椅用。

椅面有些止滑的凹凸，所以坐起來不太舒服，可是如果在上頭擺書、籃子什麼的，我覺得非常好看。

我也喜歡它彷彿枯木般的質感跟俐落的椅腳線條。

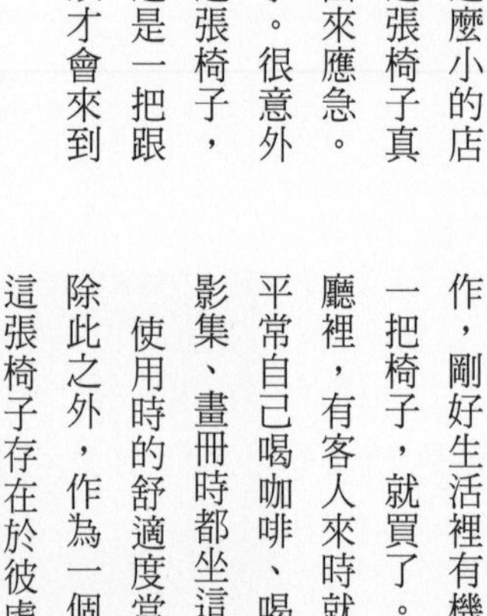

●久米瞳（木工房末廣・konon／愛知）

〈木椅〉

生產……遊木社西尾

我在3年前買了這張椅子，那時候才二十出頭的我覺得那是很大手筆的消費……不過每天使用之後，我深深覺得這張椅子很好坐、也有椅背，很實在但設計又不會太笨重，完全迷倒我了。

我們店裡的二樓角落裡設置了一個座位空間，那時候也決定要擺這張椅子。經年久坐後，它呈現出非常漂亮的色澤。我想接下來十幾年，我們也會跟這張椅子一起成長、前進，一點一滴刻鑿、累積起回憶。

希望我們店能像這張椅子一樣，磨練成一家有味道的店。

除了這張椅子外，座位空間裡還擺了十幾張不同款式的木椅，不過這張最受客人歡迎。

●宮脇純子（Patio／香川）

〈圓椅〉

應該是昭和初期的物品

這張是我在店裡打電腦跟工作時的椅子，我幾乎一整天都坐在這上面。椅面中間有個像甜甜圈一樣的洞，看得到木紋的深褐色椅面已經開始有點褪色。我那時候是因為喜歡它的顏色跟設計而買回來的，至於現在喜歡它的原因嘛……我想應該是舒適度吧。我是單純看顏色跟設計挑的，實際坐看看後，發現椅面偏大，很扎實，坐起來很安穩。不過木製品在冬天時使用有點冷，我會鋪上媽媽幫我織的毛線椅墊。

●山本忠臣（山本藝廊／三重）

〈扶手椅〉

一百多年前的英國製椅子

擺在事務所裡，進行文書作業時使用。我工作上常用到電腦，本來覺得應該不需要扶手，不過現在很享受有什麼事情要思考或眺望著銀幕上的設計時，可以把背靠在椅背上、手擺在扶手上的感覺。

當初買這張椅子時，我正好想嘗試有扶手而且是用了幾十年的椅子，結果在一家舊貨店裡看到它。扶手已經在長年使用中被磨得渾圓，再加上滑順的觸感是我決定買它的原因。

經由這張椅子，我再次體驗並肯定了木製家具的舒適觸感。看著它的顏色在使用中因為沾染了皮膚的油脂而愈來愈美，真是有趣而美妙。

●高橋良枝（編輯）

〈安樂椅〉

設計……法國或義大利？

二十幾年前我決定不要沙發之後，心想至少要有張讓人感覺很放鬆的椅子，可是大部分的安樂椅都又大又笨重，所以我一直下不了決心，把安樂椅買回來放在客廳。

剛好有一次看見這張椅子，立刻買下！這張椅子看起來雖然簡單小巧，但很舒服，椅套也能拆下來洗，椅身還可以折起來，設計上相當俱有巧思。

我記得設計師好像是法國人或義大利人，我聽過名字，但時間久遠已經忘了。最近我家的貓很喜歡坐在這張椅子上，我坐的機會反而愈來愈少。

至於餐桌那裏擺的，則是馬里歐·貝里尼（Mario Bellini）用一大張皮革包裹住整把椅子的設計作品。椅面很鬆軟，可以隨便盤起腿來坐。我想我一路尋尋覓覓的，可能是「坐起來很放鬆的椅子」吧？

郵票吉祥物 號碼君

文—久保百合子　攝影—公文美和
翻譯—褚炫初

我集郵，但不好意思大聲說。專蒐集些瑣碎小紙片這種事，就算小聲講，也難以啟齒。

由於我本就不具備收藏家資質，對「回首美人」（譯註：原文為「見返り美人」，由浮世繪之祖菱川師宣所畫的美人圖，昭和時期被印製於郵票上大受歡迎，廣受集郵家喜愛）那種量稀價昂的郵票也不抱什麼憧憬，大多是在網路上看到合意的就買，稱不上有系統的收藏。

我特別鍾情60～70年代的郵票，可以挖到不少用色舒服又可愛的寶。匈牙利、南斯拉夫的郵票看起來像來自童話世界的貼紙；荷蘭的設計性強；美國、加拿大的具有現代感又很酷。

最近買了阿根廷的郵票，意外發現設計頗為新穎有趣。世界上可愛的郵票浩瀚如海，光瀏覽目錄或網路商家，不知不覺就花掉好多時間。出國旅行窺見廣場上人聲鼎沸的郵票市集，便感到興奮。

日本的郵票只要前往專賣店，無論尾形光琳或圓山應拳等日本美術派的，或色澤懷舊的老郵票，都可憑定價買到。在寄送請款單據給客戶時，挑選適合對方的郵票貼在信封，是我的小小樂趣。

無論如何，
都指著郵遞區號空格的號碼君。

要說日本集郵圈最具分量的吉祥物，應該就是「號碼君」吧！郵政標誌配上圓圓眼睛、大大的嘴巴，身體是一張明信片。1968年起的五年之間，發行了12款郵票。

為了更瞭解詳情，我造訪位於目白的「郵票博物館」。請教了圖書室的員工，對方介紹我看《一億總郵票狂的時代》（內藤陽介著）這本書。根據書中記載，號碼君應該是1966年為了宣導標準郵件格式而製作的玩偶。美術指導是木村恆久，插畫則出自松野登筆下。

1968年日本導入郵遞區號制度，號碼君持續活躍著。「當時還沒有『號碼君』這名字，大家都喊他『郵局小少爺』哦！」圖書館員笑著告訴我。

一邊派送書信還要跑宣傳，總是戴著潔白的手套、開朗地擔任如此重責大任，在我看來，他一點都沒有少爺架子。加油吧！「號碼君」！

在發行日那天，貼上新郵票加蓋當日郵戳的信封，被稱為首日封。全球也有好多可愛的款式，集郵的世界是很深奧的。今後，我還是會蒐集這些瑣碎的小玩意兒。

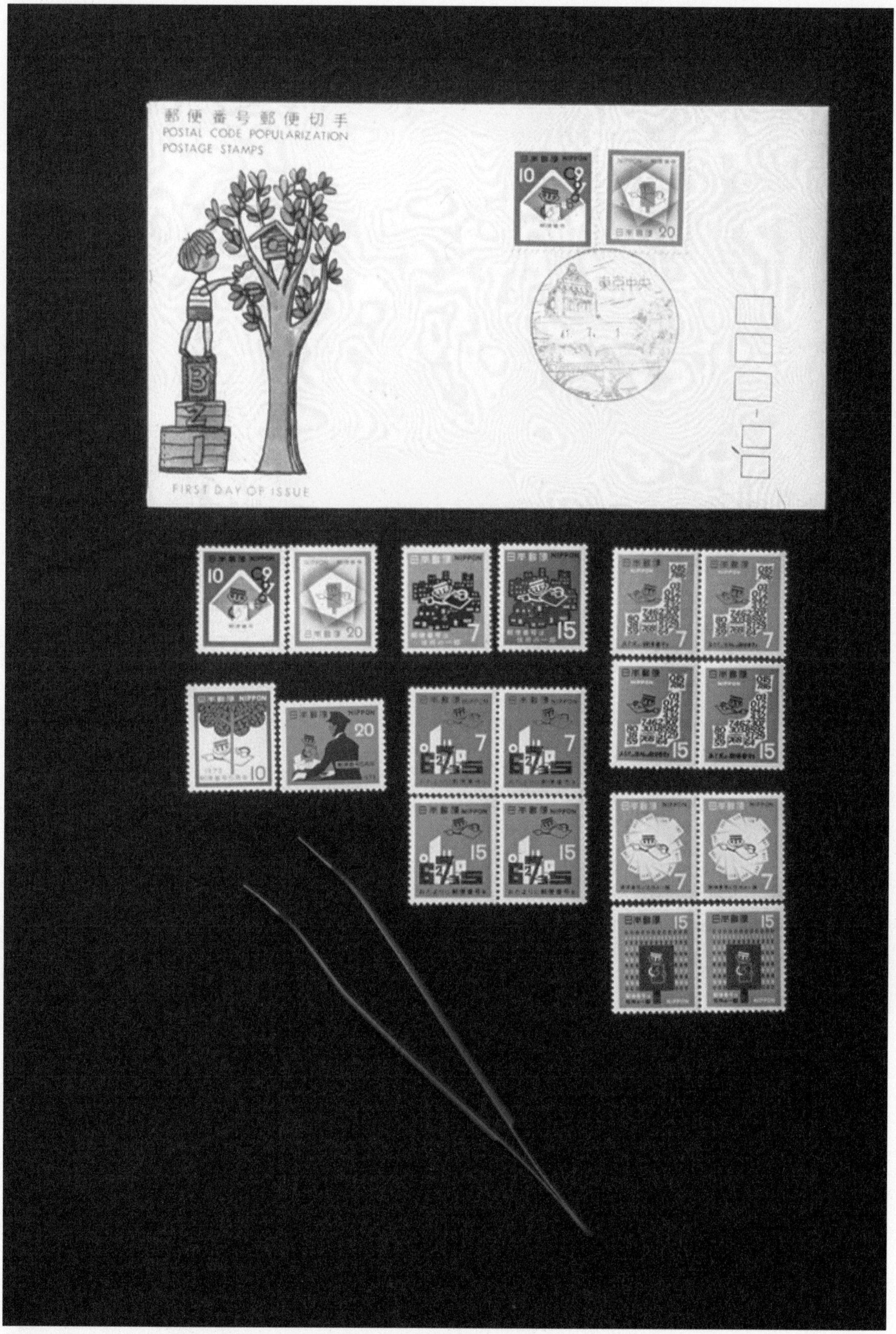

郵票有12種，右上的日本地圖與號碼君的郵票與下面郵票中的樣子有很微妙的差異。

part 2

對談・聊椅子

木工設計師

三谷龍二

＋

建築家

中村好文

中村好文是建築家，也是家具設計師。設計兒童椅的三谷龍二跟他是時常一起出國旅行的好朋友。這次我們請三谷龍二擔任訪談人，來跟中村好文聊聊椅子的二、三事。

人物拍攝—日置武晴　椅子相片—本人提供　翻譯—蘇文淑

三谷　我們最早有印象的椅子應該是幼稚園或小學的椅子吧？

中村　對我而言，最早有印象的是幼稚園椅。椅子在日本人生活中存在的歷史真的還非常短。

三谷　1955年前，一般家庭裡的椅子不是縫紉機的椅凳就是腳踏台，不然就是蕎麥麵店之類的店家裡擺的那種椅背跟椅面都是綠色的塑膠椅。

中村　我記得我老家廚房裡也有。我猜椅子進入一般家庭是在採用西式室內設計的集合住宅群出現之後。

三谷　不過有一些出土的土偶也是坐在椅子上的。

中村　說得也是，從以前就有象徵掌權者威權的「王位」，可是卻沒有一般老百姓使用的椅子哦。

三谷　你做了不少椅子設計啊！

中村　是啊！我前陣子數一數，居然有五、六十張呢！

三谷　咦，設計過那麼多嗎？

中村　對呀，我以前在吉村（順三）事務所的時候就是負責設計家具的，幫飯店設計了不少椅子。光是藤椅，大概就有十幾種吧！

三谷　那是你設計椅子的高峰期吧？

中村　所以那時候認識我的人都以為我是家具設計師，還有人問我「你也做建築啊？」其實我本來就是建築師啊（笑）。學生時代打算走建築這一行後，我就決定要同時設計住宅跟家具。「家具」的意思就跟它字面的含意一樣，是在我們身邊支撐身體跟生活的器具，所以我覺得很重要。20世紀的名椅幾乎全都出自建築家之手，例如科比意或吉奧・龐蒂（Gio Ponti）。我猜應該沒有不設計家具的建築師吧？

三谷　你覺得家具裡的「椅子」在設計上有什麼魅力？

中村　你不覺得椅子是非常個人的嗎？人家說坐上「妻子的位子」或用「王位」、「寶座」這種字眼來象徵權力地位，所以椅子很容易被我們人格化、用來表現一個人。另外，我不坐在我的愛椅上時，椅子上還是留著我的氣息，所以椅子同時也能象徵出一個人的特性。

三谷　說起來，我們真的都在不知不覺間就固定坐在什麼椅子跟位置上呢！

中村　我家很常換座位唷（笑）！看報紙時坐那張、吃飯時用這張，隨心情選擇。我跟太太好像在玩搶椅子遊戲一樣。

三谷　你家大概沒有一樣的椅子吧？每張都不一樣吧？我家也都不一樣。

中村　不一樣比較好玩。以前我住的房子裡，在大桌子旁放了6～8張椅子輪流使用。

美好的椅子 具有日常普遍的特質

三谷　我覺得椅子跟器皿都是挑選不同款式，想用哪個、就用哪個比較有趣。

中村　酒杯也是，喝日本酒時，每個人都用自己喜歡的杯子才有意思嘛！椅子也是一樣，特別是在一個家庭裡。

三谷　一張、一張慢慢湊，看到喜歡的椅子才買，這樣別有樂趣。但一次買四張同款的就很難再湊進一張完全不同的設計。

中村　我看這次問卷調查的結果好像以木椅居多。果然木製家具還是比較適合以木造住宅為主的日式空間。你不覺得在家裡擺一張金屬椅很突兀嗎？

三谷　我也這麼覺得。有時候想買很酷的設計，可是最後選擇的還是木製品。

中村　如果是在石材蓋的屋子、石材地板的話還沒有問題。而且金屬椅子摸起來冷冰冰，不適合我們這種在室內脫鞋的生活型態。在室內穿拖鞋的生活跟在室內穿鞋子的生活畢竟還是不一樣。

三谷　雖然我只設計兒童椅跟庭園休閒椅，可是你猜我覺得什麼是設計椅子時要注意的重點？

三谷　韋格納的Y形椅，已經用了25年，木色變得非常美。

中村　除了舒適性跟支撐度等問題外，我想一張椅子在設計時最重要的還是要注意它的「普遍性」吧。韋格納（Hans Wegner）是丹麥人，但他設計的椅子卻很適合榻榻米空間，因為他的椅子有能跨越藩籬的普遍性。我一想到過去設計的椅子完全比不上這麼多名家的作品，設計時，下手就更不敢大意了。

三谷　的確，不管是器物或建築物，普遍性是很重要的。我也想做出這樣的作品。

中村　就算時代變了、環境變了，好東西就是好東西，這正是「普遍性」的魅力吧！

三谷　我覺得椅子跟鞋子很像，它們都是承載體重的物品，就算設計得再漂亮，走起路來腳會痛的鞋子就很糟。而一張椅子，以物品來說，如果坐起來這裡痠那裡痛的也很糟糕。所以椅子跟鞋子都不是容易設計的對象。

中村　因為這兩個都是貼合身體的物品。

三谷　你應該擁有不少世界名椅吧？

中村　我買了不少，不過現在大多都脫手了。邊買邊捨，除了能當成教材的跟自己很愛的之外，已經都出清了。要放在自己的空間裡隨時看、隨時坐，你才會知道一張椅子到底好在哪裡。

三谷　的確，光是在賣場短時間試坐很難判斷出什麼，一定要把它變成自己的東西，用看看才知道。有些椅子的高度不適合自己，小腿內側碰到椅子的地方會很痛。我有時候會把太高的椅腳切短，可是韋格納的Y形椅實在切不下手耶（笑）。

中村　北歐人的身材高大，他們的椅子對日本人來說太高了，而且歐美人在室內穿鞋子，日本人在室內打赤腳，這麼一來坐在椅子上就產生了高低差。光那一、兩公分的高低差，坐起來就天差地遠。

但以設計者來說，真的很不希望椅腳被人家切掉耶（笑）。設計好的比例完全跑掉了，被截短的話很慘哪！

三谷　像自己被切掉了一樣嗎？還好Y形椅設計得比較低，久坐也沒問題。

中村　那張椅子的椅面做得比較有彈性，側坐也沒問題，因為它本來就是設計給身障者照護使用的，椅面做得比較鬆。其實像編織椅面或震教椅（Shaker Chair）都跟藤椅是一樣的設計原理，坐下來時，藤椅的椅面會上下張弛，讓椅子保持整體平衡，設計上很巧妙。

挑一張可以當作「屬於自己」的椅子

三谷　個人用的安樂椅或休閒椅在日本好像不是那麼普遍。

中村　19世紀末的溫莎椅是我愛坐的椅子，它是我敬愛的椅子老師。

中村　大家都用沙發，而日本又罕見能在擺了沙發後，旁邊還有空間擺休閒椅的家庭。不過我真的力勸大家，一定要為自己挑一張好椅，一張能讓你認同「它，就是我的椅子」的作品。

三谷　教教大家怎麼挑一張好椅子吧！

中村　我覺得一定要用自己的眼睛觀察、親自試坐，喜歡才買，這應該是挑選時的基本。不管是傳統設計或現代款式，只要覺得這張椅子好像不太適合你，那就把它放下，繼續尋找。椅子很私人，可以慢慢找，直到遇見真心鍾愛的那一張。

三谷　找一張真心鍾愛的椅子聽起來好像很簡單，但其實沒那麼容易。

中村　說到自己的椅子，我想起北海道的旭川市有個叫「東川町」的地方，那裡的區公所會在民眾來辦理小孩子出生證明時，送一張椅子當作禮物，說：「這是你的椅子唷。」當初想出這個「你的椅子企劃案」的是旭川大學的磯田教授，那時候他來找我商量椅子要做成什麼樣子，結果我就成了第一位設計者了，之後每年都由不同人設計。你不是也自發性地參加當義工嗎？

三谷　要是多生幾個孩子，就能拿到不同的椅子。東川町這項企劃一炮而紅，很多地方都群起效之呢。

中村　一年大概會送出五、六十張給新生兒。椅子內側還會由設計者寫上「你的椅子」跟新生兒的名字呢。

三谷　今天的訪談收尾收得相當溫馨呢（笑）。

料理家米澤亞衣的私房食譜⑫

義大利日日家常菜

米澤亞衣一做完菜，
馬上就把剛剛用過的東西全部洗乾淨，
連烤箱裡跟瓦斯爐也都擦得清潔溜溜。
這讓我再次體認到，
好吃的食物源自乾淨的廚房。

料理・造型—米澤亞衣
攝影—日置武晴　翻譯—蘇文淑

打從第一次拜訪卡列妮娜起，我就成為她味覺的俘虜。

扁豆湯、加了起司的希臘式餡餅、加了許多蜂蜜的小點心，還有這道甜椒。不論什麼時候，她做的菜總是很日常，從來不刻意變花樣。只有從希臘嫁到義大利的卡列妮娜才有辦法完美結合了屬於義大利跟希臘的口味，揉合成了美好自在的味道。從那之後經過了十幾年的時間，我才終於知道，其實在一個人的菜色背後隱藏的是多少經驗的累積。

■材料（4人份）

甜椒（大，紅椒或黃椒均可）	4個
大蒜	1瓣
鯷魚	2片（或1大片）
酸豆	1小匙
羅勒	1枝
特級初榨橄欖油	2大匙
紅酒醋	1小匙
鹽	適量

把甜椒放在烤網上，放進高溫烤箱裡烤至表面焦黑。

取出來放涼後，剝掉表面的皮。烤汁才是菁華，千萬不要打翻。

去掉甜椒梗跟籽後，把甜椒豪爽撕成大片，跟烤汁一起放進大碗裡。

大蒜去皮、去芯後剁碎，鯷魚切細絲，酸豆（如果用醋漬酸豆，請先洗掉醋、鹽漬酸豆洗掉鹽，接著泡水5分鐘後壓除水分。比較大顆的酸豆可切碎）、羅勒莖、特級初榨橄欖油、紅酒醋全部都放進碗裡，灑上少許鹽調和。

靜置30分鐘使其入味，如果不夠鹹再加點鹽。

Peperone Arroste Marinate

醋漬烤甜椒

桃居・廣瀬一郎
此刻的關注⑮

探訪 熊谷幸治的工作室

在工作室入口處討論著燒陶土的熊谷與廣瀬，旁邊是居住的2層樓主屋，後面就緊靠著山。

熊谷幸治做的是土器。與陶瓷器不同，土器會吸水的特性讓人不敢將它拿來作為食器使用，但也正因為是沒有什麼人做的土器藏有無限可能性，才讓他著迷不已。

文—草刈敦子　攝影—日置武晴　翻譯—王淑儀

熊谷幸治做的土器與二戰前發行的雜誌擺在一起，兩者的調性巧妙地相融。

一般器皿為了防止吸水，得上釉藥，以高溫燒製，否則很難作為食器使用。

「所以不上釉、以低溫燒成的土器，很多人就算是有興趣也不敢輕易嘗試，在眾多創作者中只有他一路專攻土器。」廣瀨一郎為我們介紹的熊谷幸治還不滿三十歲，瘦長的身體頂著個三分頭，模樣就像個體育系學生。時時笑口常開，個性開朗的他在採訪過程中帶來輕鬆的氣氛。

採集陶土時，必須帶上的篩子。工作室柱子上寫著房子建築的年份？

住家的食器櫃裡擺著平日使用的土器。

「確實土器不容易拿來當成食器使用，但它卻能很直接傳達出陶土的魅力。」

熊谷幸治所做的土器是在捏製成型後乾燥，再以９００度左右的低溫燒成。有的作品在成型後保留粗糙表面，也有經過打磨、燒成後再塗上蜜臘最後完成光滑細緻表面，質感各有不同。

「熊谷幸治的作品與一般堅固燒製的商品觸感完全不同。陶瓷器是從土器發展而來的，我想土器呈現出來的陶土的淳樸質感，連年輕人也能被打動。」廣瀨一郎滿心期待地說。

「我覺得可以在土器特性的制限之中享受使用的樂趣。希望大家可以將會吸水這項其他陶瓷器所沒有的特性視為一種優點，除此之外，土器還有許多獨特的魅力等著被發現呢！」熊谷幸治說。

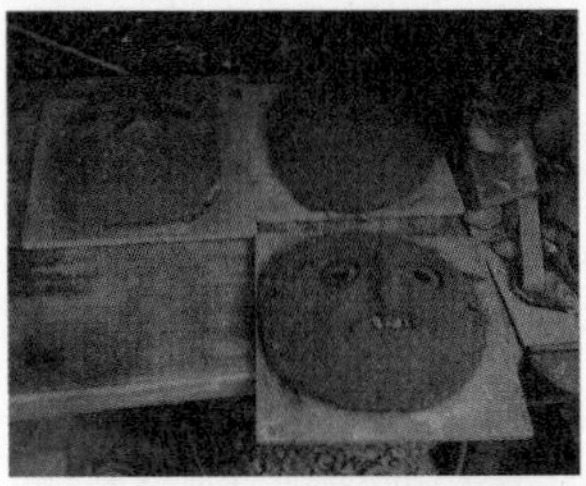

燒製完成前的面具，表情各異。工作室附近採掘的陶土也是重要的素材。

熊谷幸治的工作室是DIY精神的集大成。大部分所需物品都是自製，小型電鍋是拿來熔化蜜蠟用的。

熊谷幸治與土器的相遇是在大學時代。當時專攻陶瓷器，每有長假就會走訪全國各地的陶瓷器產地，是一種與朋友睡在車上的刻苦旅行。當大學三年級他們拜訪唐津一地的資料館時，「資料館中展示著陶瓷器歷史上的土器。那是繩文時代一個簡單的器物，卻讓我對土器一見鍾情。」

他自此開始深入研究並著手製作土器。在學校，會統一將學生作品進窯燒製，但熊谷幸治做的土器得比陶瓷器的溫度來得低，「結果只能拿去焚化爐燒了，而焚化爐的溫度剛剛好。就這樣做出不太會想用來當作食器的作品。」

畢業後一邊在舞台美術製作打工，一邊在東京都內創作。工作室就在一般住宅區之中，因為燒製過程中會產生煙，於是決定搬到山梨。在悠靜的山間聚落中租了一棟房子，將倉庫改裝成工作室，還使用當地的陶土來創作。

沒有人可以教怎麼做土器，一切都是在錯誤中學習。工作室之中每個角落都可見熊谷幸治用心之處，「做得出來的東西全都自己動手做」，從腳踏轆轤到柴窯、電窯都是他一手打造的。

「因為我覺得轆轤只要會轉就可以

基本上是個腳踏轆轤，但一旁連接著馬達，一打開就能馬上變成電動的。雖是自製，卻是科技的機器。

將石油桶改造做成的煤油窯就在工作室後方，厚重的結構看得出來是很正式的做法。一旁則是蓄水池，貯放後山雪融化的水。

熊谷幸治

1978年生於神奈川縣。武藏野美術大學工藝工業設計科專攻陶瓷器，在學中便開始土器的製作，畢業後即走上作家之路。2005年將據點從東京搬至山梨，過著與土為伴的每一天。

工作室裡到處擺放著他獨特的作品。乍看之下讓人心驚膽跳，看習慣了之後會覺得每個都是討人喜歡的模樣。

了，道具也是有很多可以替代，真的是很原始人的想法。」比起窯或道具，熊谷幸治更注重的是作為素材的陶土。

「土器可以完整呈現出土的特質，這也是最讓熊谷幸治著迷的地方吧。」廣瀨一郎說。

他不只是做器皿，也很投入在立體作品的創作。最近特別花心力的是土製面具。本來只是好玩，拿做器皿時多出來的土捏捏看，然後想說不如也拿去展示好了，沒想到來參觀展出的藝術家村上隆竟然買下那件作品，還建議他「以後也要繼續做（這面具）哦」。

09年春天還舉辦了一場面具展，各式各樣的表情形成了獨特的空間，吸引眾多觀眾前來觀賞，驚呼連連。

「即使是藝術創作，比起讓人一臉不可思議地站在作品前端詳，我反而喜歡大家笑著說『好可怕』還邊欣賞。」

或許熊谷幸治的開朗也揉進了土裡，才使得這些面具如此惹人憐愛吧！

「我在土器上感到無限的可能性，現在的我也許能力還不夠，但是素材本身太有趣了，希望今後可以讓更多人可以認識它。」

沉潛於土中 彌生之沉穩與繩文之粗曠

文─廣瀨一郎　翻譯─王淑儀

這款有著沉靜而均衡的造型與溫柔神情的廣口壺原型應可稱為是「彌生*式的物件」吧！與繩文時代通常用來祭祀、祈禱的物件給人張揚的感覺是正好相反，彌生時代的特徵是從那之中被解放出來的簡樸與沉穩。這個壺的造型簡約，卻不失柔和，應是在人為的細心計算中，刪除一切多餘之後所達到的溫柔，帶我們體會了古時候的那種靜謐。

■直徑270×高200mm

*編按：日本彌生時代大約是西元前5世紀中到西元3世紀中。繩文時代是舊石器時代後期，約距今一萬二千年前到二萬五千年前。

遠眺日本文化史，會發現彌生文化如同低音伴奏般鳴奏著，之中卻也不時有繩文文化穿插出現。繩文就像是個妖精，不斷刺激著彌生，並為其文化帶來活力。這個面具系列對熊谷幸治而言，是內在的繩文基因活動之下所創作出來的作品。它存在於身體深處，未具形體，有著狂亂躁動的靈魂，是一切情感的原形，催促著他藉由土化作形體，因而生出這樣多彩的表情。

上排右起
■縱150×橫90mm
■縱110×橫70mm
■縱120×橫70mm
■縱150×橫80mm
下排
■縱240×橫240mm

桃居
東京都港區西麻布2-25-31
☎+81-3-3797-4494
週日、週一、例假日公休
http://www.toukyo.com/
廣瀨一郎以個人審美觀選出當代創作者的作品，寬敞的店內空間讓展示品更顯出眾。

留存在飛田和緒印象中的❽

伴手禮

文—飛田和緒　攝影—日置武晴　翻譯—褚炫初

栗鹿之子

首先就被這巨大的罐子嚇一跳。直徑約莫有13～14公分、沉甸甸的。「啪」地打開蓋子，裡面裝滿一顆顆漂亮的蜜煮栗子，外面包著軟綿的栗子泥。長野來訪的客人所帶的伴手禮當中，栗子佔了壓倒性的大多數。長野市旁的小布施是栗子的產地，好幾家栗子甜品店一字排開在同條街上。

北信的名產，堪稱是長野縣最具代表性的伴手禮。儘管最近推出了一口大小的栗鹿之子（譯註：是一種用濕潤餡料包住麻糬，再放上蜜煮栗子的日式甜點），我依然喜愛抱著大罐頭吃。曾經還有人對我說，它可以拿來當成栗金團（譯註：一種傳統日本年菜，栗子的金黃色澤象徵金錢），放進盛裝新年料理的便當盒。當我住在長野時完全沒興趣的「長野名產」，反而在離開故鄉之後，才開始懂得細細品味。

紫蘇卷杏桃

在長野吃茶泡飯，紫蘇卷是不可或缺的。用紫蘇把杏桃或梅子包起來醃得酸酸甜甜，也是長野地方的保久食品之一。中信的佐久地方是有名的杏桃產地，把杏桃對半切，一個個小心翼翼地用紅色紫蘇葉包好再用甜醋去醃入味。杏桃的香甜融於瓶中，在我們家沒兩下就會被搶個精光。這味道非常適合搭配熱茶，一顆接著一顆，吃了就停不下來。若是被女兒發現，事情可不得了，會演變成母女搶食。今年我想著要來挑戰製作紫蘇卷杏桃。光想像捲紫蘇便感到一陣心神恍惚。做來費工、吃光卻只要一轉眼。所以才覺得好吃、還想再吃，而且會有「真是太幸福了」的感覺吧！

栗鹿之子
小布施堂
長野縣小布施町808
☎+81-26-247-2027

紫蘇卷杏桃
長野風月堂
長野市大門町510
☎+81-26-232-2068

專訪《麵包、湯與貓咪日和》小林聰美、鱒真佐子
在食物與料理中找到人與人的新感情

在平凡的城市裡，總有一個安靜的地方，讓人放鬆地享受美味可口的食物，體會人情與生活的美好。繼《海鷗食堂》之後，作家群陽子與電影的原班人馬再度推出了一部新的戲劇《麵包、湯與貓咪日和》，雖然已經播出一段時間了，再次透過劇中兩位主角小林聰美與鱒真佐子的回憶，帶領大家感受影片與料理帶給人的幸福感。

——從觀眾的角度來看，這齣戲雖然是偶像劇，但是拍得像是電影的感覺。請兩位回想一下在拍這齣連續劇的心情？

小林聰美（以下簡稱小林） 一般偶像劇的拍攝行程真的很辛苦，但這部戲劇的拍攝過程就像拍電影一樣，很從容，雖然也有辛苦的時候，但是以偶像劇來說，真的是很緩慢地進行著，讓人樂在其中，也沒有那種「哇，拍戲好辛苦」的感覺，連現場的氣氛也非常溫暖。

鱒真佐子（以下簡稱鱒） 拍攝這部戲時，

採訪·整理—王筱玲　攝影—Evan Lin
☆SATOMI KOBAYASHI
wear：mina perhonen　jewely：CASUCA
☆MASAKO MOTAI
wear：Sally Scott、mina perhonen

正好是從櫻花要開之前不久的時期一直拍到花落，在春天的暴風雨中，風非常大，我對那強風印象非常深刻。

這齣戲劇非常生活化，讓人覺得好像是自己周遭會遇到的人，例如雖然罇真佐子飾演的咖啡店老闆娘看起來很一板一眼，但其實是好人；小林聰美的角色雖然一開始是編輯，但很快也有sandwicha老闆的架式，除了原本劇本的設定，兩位對各自的角色有什麼樣的想像呢？

小林　不管是編輯還是餐廳的老闆，都是沒有經歷過的工作，能夠體驗這兩種工作，感覺很非常有趣。

罇　我飾演的咖啡店老闆娘，要說到底是什麼樣的角色，應該是有點不可思議的人吧！我也不知道她到底是很體貼還是壞心眼的人，但在戲劇最後那樣為對方著想的表現，正因為她是從小看著秋子長大，雖然算不上是秋子媽媽的朋友，但對於每天見到、像是更親密的朋友或親戚的人，突然有一天過世了，自己應該也是大受打擊吧！然後與秋子會建立起什麼樣的關係，這點讓人覺得很有趣。

料理像做實驗一樣

——戲中有許多製作料理的場景，那些看起來很好吃的料理，都是自己親自完成的嗎？

小林 都是我做的喔！（笑）雖然調味之類的是由這部戲的料理指導飯島老師完成的，但是戲中看到的料理都是我親自做的。不過在拍攝時要料理真的很困難，因為要顧慮到各種時間點，例如攝影拍攝的時間點等，非常困難。

——兩位喜歡哪一種三明治和湯？平常的拿手料理是什麼？

小林 是指戲劇中的菜單嗎？我喜歡巧巴達配波菜炒奶油培根蛋，那道三明治很美味；湯則是喜歡加了很多蔬菜的，我覺得很好喝。實際上在戲中也做過很多次，那些完成品也分給工作人員吃，大家都非常開心。因為只有一個人，我其實不太做很講究的料理，實在太麻煩了。拿手料理我想是蛋類的料理吧！

罇 在飯島奈美的食譜裡有平常不會做的西洋菜湯，那道湯真是太美味了！

小林 對啊，好好喝。

罇 這些平常自己不會做來吃的食物，因為飯島奈美的食譜才吃到，真的很好吃。至於我的拿手料理……是「mushi」吧？！

小林 蟲?!（編按：蟲與蒸日語發音相同）

罇 不是，是蒸的料理。蔬菜、魚類蒸了之後硬度跟剛買回來完全不一樣，但是常常蒸失敗，總是快一分鐘，或是早知道就快點撈起來，我覺得料理好像做實驗，很有趣。

——罇女士在劇中有指導小雪（美波）煮咖啡，有特地去學過煮好喝咖啡的方法嗎？

罇 沒有學過。我自己是沒有特別講究咖啡，不過我不愛酸的咖啡豆，苦的倒是沒關係。所以買咖啡豆的時候，幾乎不買口味偏酸的豆子。我大概只講究豆子吧？其實我老家是咖啡店，但我是個急性子的人，沒有耐心等。

小林 原來你老家開咖啡店啊？

罇 我父親身體變差之前，在有樂町那一帶經營咖啡店。對了，小林聰美很會泡茶喔！

小林 真的嗎？

編 有學過茶道嗎？

小林　其實我去上過中國茶教學的課。

編　覺得中國茶如何？

小林　很有趣，認識各種茶葉以及適合茶葉的料理，但那裡好像貴夫人沙龍。（笑）

——另外，除了在sandwich a，其他吃飯的場景中，桌面上都會有酒。這是原本劇本的設定嗎？小林女士本身也喜歡喝酒嗎？

小林　我完全不會喝酒。所以在戲中，秋子在家裡像是晚酌的吃飯情景，我到現在也搞不懂意義何在（笑）。

罇　我以前不太能喝酒，現在倒是可以喝不少。

小林　不少是多少？

罇　兩杯。香檳的話是一杯，但不太喝葡萄酒，現在因為天氣冷比較常喝燒酒。

必須成雙種植的橄欖樹

——戲中罇女士每次出現的場景幾乎都在掃馬路；小林女士則有很多插花、擦桌子的場景，兩位平常也喜歡打掃或是園藝嗎？

小林　關於打掃，如果有人可以幫忙打掃，當然是希望自己不用動手，但是看到髒的地方自己還是會很在意，特別是我家裡養貓，一天不打掃，貓毛就會到處堆積，也不是感覺不好，而是對身體也不好。基本上我會每天做簡單的清潔工作。

至於園藝，家裡有種小棵的橄欖樹和貓草，因為橄欖樹如果只種一棵不會結果，必須成雙成對種植，種什麼種類沒有關係，兩棵之間有點距離也無所謂，就是不能只種一棵。試著種兩棵之後，就結了好多果實，剛開始想收成下來自己吃或者做成橄欖油，或做醃橄欖，不過雖然一開始結了很多果實，但是這些果實要做成橄欖油也不夠，拿來醃橄欖也很麻煩，正在煩惱不知道該怎麼辦得時候，突然想到，不要摘下來就好了啊！於是就讓它們留在樹上，於是整個冬天看著結實累累的橄欖，覺得好厲害啊！貓咪也在樹下發出「ㄍㄟㄍㄟㄍㄟ」的聲音，很開心的樣子。後來全部摘下來做料理吃掉了，但現在樹上好像還有呢！

罇　我是吃飯前會先打掃，雖然家裡東西堆積如山，但是幾乎都一塵不染，好像是一種很矛盾的生活方式。（笑）

基本上我不會自己去買植物回來種，偶而會把大部分由別人贈送的植物拿來裝飾。

太郎的出道作品

——聽說小林女士是愛貓族的，可否談談戲中的太郎？

小林　現實生活中的太郎是動物經紀公司的貓，這是牠第一部長篇連續劇出道作。牠一開始在拍攝現場真的很膽小，不過如果我們是貓的話，也可以理解吧？搞不清楚是什麼情況，現場又很多人，還被所有人盯著看，當然是很害怕吧！於是導演要大家盡量不要看太郎，讓牠習慣拍攝現場的環境，大家非常替太郎著想，牠一開始可能很怕生，但後來應該是習慣了吧？

鑄　與其說是習慣了，應該是牠已經知道這不是個可怕的地方吧！

小林　不過那時拍攝是從早到晚，太郎組（笑）不知道何時會被叫到，應該是一邊抱著緊張感，在旁邊等待，真的是很努力。

鑄　而且太郎真的很會演戲，真的讓人有「這也演得出來嗎？」的感覺。之前我養的貓已經過世十年了，以前牠睡在我肩膀上的感覺至今依然還在，可能會有人覺得很不可思議吧！

小林　我喜歡貓，從25歲之後一直都有養貓，現在的貓分別是13歲和4歲，我現在已經沒辦法想像生活中沒有貓的日子會是什麼樣子。

——最後，請兩位分別說明自己最喜歡戲中的哪一個場景？

鑄　這個問題被問很多次了呢！最喜歡的場景是在Happy咖啡店裡和附近的大叔們一起吃著蛋包飯和拿波里義大利麵的時候。

小林　我喜歡的是在家裡和附近大叔及咖啡店老闆娘一起吃肉的場景。因為之前都是一個人吃飯，第一次有這種歡樂的吃飯場面。

採訪後記　雖然是在緊湊的宣傳行程中完成的採訪，二位始終笑容可掬，讓人如沐春風，是相當愉快的一場會面呢！

小器食堂

日日・人事物⑩

這幾年在台北市中山捷運站後方的赤峰街，店家從原本的汽車零件、鐵件鋪變成了許多個性小店，打鐵街成了生活雜貨街，而在某個面對公園的一樓店面，細白窗檻、大片透明玻璃的小器食堂，無疑是這一區將周遭環境融入生活飲食的最佳代表吧！

以台灣在地無毒食材製作日式家庭風料理的小器食堂，當初的開店宗旨並沒有什麼微言大義，「在這裡開店的真正的理由只是食堂的房東，也是小器生活道具中山店的房東。當初因為日子咖啡老闆看到原中山店址的五金行在搬家，介紹我去找房東，當時房東所開的傳統雜貨店，就是現在食堂的地點。那個時候我還居住在日本，每次回來有機會就會去找房東聊天。房東太太七十多歲，喊著想要退休，問我有沒有想要租？當時只是有租了不知道要做什麼，但是不租又可惜的感覺。」店主江明玉說。後來房東告訴她：「隔壁有個工地在蓋房子，工人常會來她這裡買飲料或香菸，雜貨店現在收掉，他們也不方便，不然就等隔壁大樓施工完好了。」

文─Frances　攝影─EVAN LIN　料理設計─白坂志雄人　拍攝協力─小器食堂

在沒有確切的租屋時間下，江明玉開始想像這個店面的各種可能性。「因為面對公園的關係，自然會希望可以好好利用這片風景，所以一開始就設定成希望是一個讓人可以坐下來休憩的空間。」

直到她遇見了一個在京都的法國料理店待過8年、打算來台灣打工渡假的朋友新井博子，開店的想法才開始有了具體的雛形。後來新井博子成為小器食堂的第一位主廚。

對於不擅料理的江明玉來說，小器食堂除了一開始的裝潢多次修改之外，最困難的應該是料理的口味與菜單設計吧！經過多次試做，最後在食堂顧問森賢一以日本人道地的味覺確立了現在到小器食堂能夠品嘗到的料理。

「好好吃頓飯」應該是小器食堂設立至今絕不妥協的目標之一，因此在這裡除了道地的日式家庭料理，更值得大家細細咀嚼的是台灣產地的白米飯。用米食大國日本的標準精挑細選、仔細烹煮的白米飯，讓江明玉除了經營之外，也成了食堂的常客，「我覺得有道主菜，配碗味噌湯，加上軟Q的白米飯，真的是會讓人超有幸福感。所以我現在一週會有一、兩次忍不住想去吃頓飯，讓自己對工作又充滿幹勁。」

學生時代曾經在日系家庭西餐廳打工當服務生五年的江明玉，在小器食堂重新找到了餐飲業與客人接觸的那種美好感覺。「在小器食堂，偶爾會看到攜家帶眷，特別是那種帶阿公阿嬤來吃，或者是有五、六十歲的客人自己前來的，就會特別開心。我覺得客人用完餐之後的微笑真的是發自內心的、無防備的滿足，感覺我們的料理應該也得到他們的認可了吧！這讓我深深覺得，雖然辛苦，但餐飲業還是有它迷人的地方。」

歷經許多試行，從只有中午營業到現在可以供應午、晚餐和下午茶，這是在許多講究之下，呈現了名之為食堂卻有著不輸高級料理樣貌與服務的小器食堂帶給我們關於「吃飯」的另一種視野與選擇。

稀鬆平常似的用著松德硝子的玻璃杯當水杯、京都老鋪公長齋小菅的筷子、甚至是知名陶藝家的作品當杯盤，讓顧客毫無負擔地使用著職人用心打造的食器、體會工藝用於生活的便利與美好，從另一種意義來看，這是小器食堂在無形中提升大家對於生活用具的品質與美感培養的社會貢獻吧！

小器食堂

大同區赤峰街27號
☎02-2559-6851
㊖週一～週五
午餐 11：30～15：00
晚餐 17：30～21：00
週六～週日
午餐 11：30～15：00
下午茶 15：00～17：30
晚餐 18：00～21：00

對於《麵包、湯與貓咪日和》這部戲劇有著美好想像的另一位主廚白坂志雄人，特別設計了專屬《日々》讀者的兩道超簡單濃湯和雞蛋三明治。

雞蛋三明治

■材料（兩人份）

土司——2片
小黃瓜——½根
美乃滋——50g
水煮蛋——2個
黃芥末——少許
鹽、胡椒——各少許
奶油——少許量

□美乃滋
蛋黃——2個
紅酒醋——10g
橄欖油——50g

■做法

□美乃滋醬

❶將蛋黃與紅酒醋一點一點與橄欖油攪拌均勻即可。

□三明治做法

❶切掉土司邊。
❷小黃瓜切薄片。
❸將水煮蛋切片，加入美乃滋、黃芥末、鹽、胡椒後，攪拌均勻。
❹將土司塗上一層薄薄的奶油，排上小黃瓜，再塗上❸，蓋上另一片土司。
•將夾入餡料的土司切成兩等分即可。

綠色濃湯

■材料（兩人份）

青花菜——300g
花椰菜——200g
洋蔥——¼個
奶油——15g
雞高湯——100～200ml
牛奶——300ml
鹽、胡椒——各少許

■做法

❶將青花菜與花椰菜洗淨後切小塊。
❷洋蔥切薄片，用奶油炒出甜味。將❶加入後加一小撮鹽，蓋上蓋子以小火煮軟。
❸加入雞高湯，煮至軟爛，關火，稍微放涼後以攪拌器攪拌。將攪拌好的❸倒入鍋內，加入牛奶加熱。
❹最後用鹽和胡椒調味即可。

紅色濃湯

■材料（兩人份）

甜菜——250g
大頭菜——250g
洋蔥——¼個
奶油——15g
雞高湯——100～200ml
牛奶——300ml
鹽、胡椒——各許

■做法

❶將大頭菜與甜菜分別切成薄片。（甜菜用篩子濾掉水分）

（接下來做法同「綠色濃湯」）

日日・人事物⑪

跨越三個世紀的漢藥老舖

探訪後浦「存德藥房」、「存仁堂」

文─賴譽夫　攝影─吳美惠・賴譽夫

與時行來的店貌，像是充滿智慧的長者。

漢藥材一直是東方民族平日的普見物資，除去傳統醫學的療病治傷，飲食保健與養生慣習亦多所摻用。現代由於便利所趨，食補類的藥材在一般市場或商號已可購得；且隨著科技發達，漢藥材亦多提煉為便利的粉劑；傳統藥舖遂轉為醫藥專門而漸脫民常，保有傳統風味的藥房日趨少稀。

屹立三甲子，見證僑鄉史

走進金城鎮的後浦舊鎮區，仍會見到疇昔留下的街屋，有些進行局部改修而成了混合新近與舊往的容貌，有些斑駁頹圮呈現的是歲月過痕；而幾間猶如往時衍進而生息如一的店舖，自是讓人難以漠然無視。路經存德藥房與顏存仁這兩家老舖，總是吸引住旅人的目光。

存德現任店主因為阿太當年習醫，除了其醫業所需，亦希望金門人能便利購用良藥，故而開了這間藥房；門簷上的鋼板鑄寫著從１８３２年始業、橫越了五個世代的歷史。

養生食補藥材是漢藥舖現代的主要商源。

存德藥房

金門縣金城鎮莒光路38號
☎082-325-588

木樑與藥櫃透出歲月的色澤。

近年由於懷舊風尚，舊時家具與古生活器具跨出了原先文物收藏的族群，培養出了年輕世代對於舊物收藏與參覽的興趣，漢藥店的櫥櫃瓶罐也常是關注的焦點。存德所在的街屋本身即透出舊建築的特殊氣味，木製檯面的磨石櫃台，堅實地留下時光行遺的磨痕；抬頭一望，橫亙的老木樑支撐著已經泛出古色的樓板，下方則是色澤同光的立式藥櫃沿牆置佇著；藥櫃上放擺著多種藥瓶，抽屜與藥瓶上寫記著裏頭的藥材名。老藥舖或許在台灣本島仍有許多，然而要維持著近似始業舊貌，還能與所在街景環境融一，且予人猶如時空膠囊感受的已幾稀。晚上路過，若正逢打烊時分，還會見到店家將一條條的木板榫置進門

金水學校為水頭鄉僑集資匯建。

金水學校展示館重現存德僑匯業務。

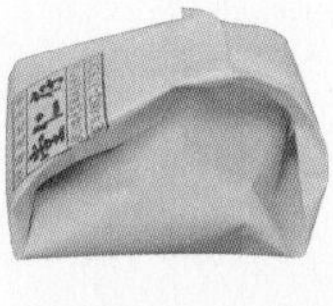

顏存仁．存仁堂

金門縣金城鎮莒光路59號

☎082-373-285

上／老藥秤。
中／舊算盤。
下／藥紙與石紙鎮。

門額上寫著「顏存仁」字樣的存仁堂。

緣，這種景象大抵也只透過電影回味了吧！

存德另外常被提及的重要事蹟，便是見證了出洋歷史的「僑匯」事業。由於營生、商貿、戰爭等諸多原因，金門人自古常至南洋、日本等地發展，遂或開枝散葉，並拓展出獨特的僑鄉文化；「六死三留一回頭」的俗語正標記著出外打拚的艱苦路。

出洋子弟於僑居地戮力拚搏，工作所得多有匯回金門養奉家族等需求，許多聚落的建設亦由僑匯反饋鄉里奠基。早年郵匯多由「民信局」（批局）承辦，而存德早年也兼營了民信局業務。來到金門重要景點水頭聚落的金水學校，即是1932年水頭鄉僑集資匯建，現金水學校內部為僑鄉文化展示館，館中即重現了存德藥房從事僑匯的場景並有詳細的說明。

猜藥名、聊藥材

存德藥房不遠處，另有一家藥店常見旅人觀探，即是門額磚寫著顏存仁、亦

猜得出來是什麼藥嗎？

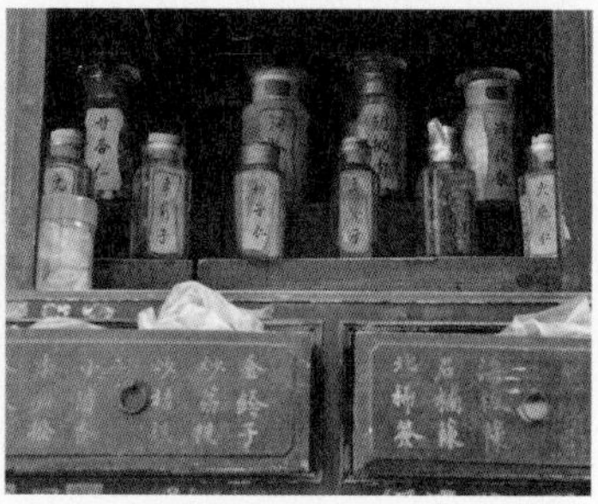

始於清朝的存仁堂。

現有店面照明通亮，踏入舖子，舊藥櫃近在咫尺，因此抽屜與藥罐上的書字一目瞭然。藥師說，除了店務，絡繹而來的旅人總是進到店來猜藥。漢藥材主要是天然植物，以及動物、礦物與部分人工製品，名稱所來多由，經過時間的演進，使得許多藥名現代人難以由名識辨其物，於是與觀光客聊藥材、釋疑也算是他的日常生活事了。

此外，藥檯上放置了幾件仍在使用的器具，像是藥秤、算盤等也都是長輩留續下來的。看著藥師靈巧地取起藥紙、包著客人抓購的藥材，讓人不禁地跌入充滿馨濃藥香的時光故事裏。

藥師的日常。

器之履歷書❶

三谷龍二（木工設計師）

茶托

文・照片—三谷龍二　照片—公文美和（P42）
翻譯—王淑儀

材質：柚木　塗裝：上油

說到家中餐桌上使用的木製器物，一般會先浮上腦海的應該會是木碗、茶托及托盤這三種吧！我家理所當然地使用木製食器，但遺憾的是其實像我們這樣的家庭算少數派。而上述三種器物會在一般家庭中普及是有原因的。

因為木材有隔熱的作用，因此以木碗盛裝熱氣蒸騰的湯，不論是拿在手上或是送到嘴邊也不會燙，應是最大的理由。同樣的情況下，陶碗早就燙得無法多碰一秒了。

而茶托或是托盤之所以普及，有下述實用的原因。應該是由於在端茶給客人時，若不用茶托或是托盤會顯得失禮的生活習慣所致吧！另一方面是陶器粗糙的底部若直接放在桌上，容易磨傷桌面而得用茶托。

三者之中，非得要用木製的器物應該只有托盤吧！木碗或茶托也不是不能由陶瓷器代替，但陶瓷製的托盤恐怕又重又容易損壞，應該不好用吧！

因為有此需求的人不少，我當然也做托盤。托盤不只可以拿來運送食器，直接拿來當方形的器皿使用也很不錯。

不過托盤的邊緣高低不同，使用的方法也會不一樣。我做的托盤邊緣僅有5釐米高，是為了拿它來端盤子或是直接端上桌使用都沒問題，使用上更加自由。邊緣高的托盤適合運送食器，可以防止器皿滑落。

我做得最多的尺寸是寬約36公分的托盤。這是依照人的肩膀寬度去計算出最好拿著移動，且端在走廊上與同樣拿著托盤的人擦身而過時最剛好的尺寸。

長度則多在24公分到30公分之間，不過這次介紹的這個茶托僅15公分。雖然也有人跟我說大的托盤用途比較廣，但我仍認為剛剛好的尺寸用起來的感覺還是不一樣的。這樣的長度用在裝二、三人分的茶時剛剛好，看上去輕快，也給客人新鮮感。拿來裝一人分的茶跟甜點、或是一把茶壺搭配茶杯，那不多也不少的尺寸令人心喜，不時就想拿出來用一用。

1 將柚木材裁出想要的尺寸，並以墨線彈上黑線。

2 用電鑽大致挖出內容空間。

3 用鑿刀鑿出斜面。

4 用雕刻刀修整內面及邊緣的部分，大致定型。

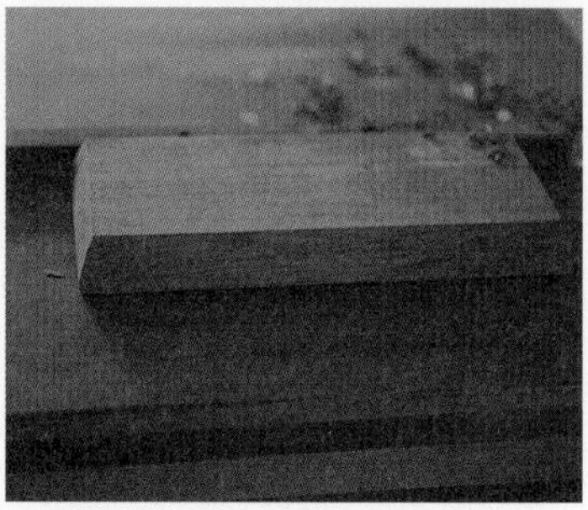

5 倒過來，邊緣修去直角，磨平底部。

6 用砂紙將口緣的部分磨得平滑之後，即完成。

用這個茶托端出最近很喜歡的德國Ronnefeldt牌愛爾蘭麥香紅茶（Irish Malt）所泡的奶茶。

連載　美味創造者❷

在善光寺的香客房「淵之坊」享用的素食料理

文—高橋良枝　攝影—廣瀨貴子　翻譯—王淑儀

善光寺本堂。2009年4月遇上七年一次的御開帳（譯註：御開帳是指佛教寺院中供奉神像本尊的佛堂開放給信眾參拜）而熱鬧非凡。

長野善光寺有一千三百多年歷史，自古以來前來朝拜的人駱驛不絕，於是周邊因應而生了39間香客房（譯註：日文「宿坊」是佛教寺院中為僧侶或參拜者所設的住宿處）供朝拜者住宿。

第一次知道屬於淨土宗的「坊」有14間、天台宗的「院」有25間寺廟，本堂與這些「院」、「坊」合起來總稱為善光寺。而這些院、坊供應給朝拜者的餐點即是素食料理（精進料理）。

飛田和緒從很久以前就邀我：「要不要一起去吃善光寺的素食料理？」她高中三年在長野市度過，有一位同學正是淵之坊的千金。

「高中時代，我們一大群同學去她家，她母親做菜招待我們，那美味的餐點讓我畢生難忘。」她說有時就在同學家過夜，隔天直接從香客房去學校。

「我很想學那時吃過的一道馬鈴薯泥拌四季豆的做法。」向對方提出要求後，現在負責掌廚的小川真宏爽快地答應了，還說：「那道菜現在也還會做給客人吃哦。」

淵之坊素食料理今日的模樣是奠基於住持夫人若麻績勝子之手。「淵之坊的素食料理是我們全心全意製作來招待遠到此地的貴客，帶有祝福意味的餐點。」若麻績勝子說。

其實她22歲嫁進這個家之前，根本沒有下過廚。據說當了媳婦後第一次煮飯是婆婆請她「煮一碗烏龍麵」，她勉強端出一碗淋上沒有調理過的醬油的烏龍麵，「自己吃了也嚇一跳，根本就不能吃啊！這件事讓我一輩子忘不了」。

在這次之後她下決心去料理學校上課、苦心鑽研，後來還把跟善光寺活動有關的傳統料理也都學起來，最後甚至還設計淵之坊才有的創作素食料理。若麻績勝子做的料理不僅美味，亦十分賞心悅目，這些以信州自然風景為模擬對象的一道道個性餐點甚至吸引雜誌來採訪。

近十年來因為身體狀況不佳，將廚房的重責大任交給了徒弟小川真宏，但是隨季節更換的菜單至今仍由若麻績勝子負責設計。

「因為我只在這裡學習做菜，因此可以忠實地呈現勝子老闆娘的做法。」出身和歌山縣的小川真宏本來想當老師，最後留在自學生時代便在此打工的淵之坊工作。

素食精神是避免殺生而不食魚或肉類、僅擷取大自然的恩惠，而淵之坊的素食料理正是懷有這份慈悲的美味餐點。

淵之坊，三樓的一個房間。朱塗漆器膳桌上擺著以木碗、瓷碗盛裝的美味好食。

住持若麻績侑孝與妻子勝子。飛田和緒與若麻績勝子兩人懷念地聊著高中時代的往事。

淵之坊門前的一景。一進玄關即進入寺院之中，進面有著完善的住宿空間與設備。

淵之坊

長野縣長野市元善町462

☎+81-26-232-3669

開胃雙膳

小菜（口代り）
港炸蓮藕餅

小木碗（坪）
蒟蒻佐胡桃味噌醬

平皿（平）
胡桃豆腐

涼拌菜
辣味雪菜

燉煮
凍豆腐、芋頭、竹筍、香菇、紅蘿蔔、山椒

三月的料理，置於朱塗漆器膳桌上，陳列著豐富信州當地食材的每一道菜色。炸蓮藕餅是以蓮藕泥包覆醃野澤菜（譯註：日本芥菜）炒的餡料後，外面沾滿芝麻下鍋炸，香氣十足，打破一般對素食料理淡薄無味的刻板印象。

湯品
春之野

黍米做的生麩搭配油菜花、土當歸再以櫻花點綴，如同春之原野般美不勝收的一道湯品。隨著季節變化，使用的食材也會不一樣。

蒸物
浮島

水煮山藥磨成泥後加糯米粉做成雪白的外皮，內包胡桃做的餡料再入鍋蒸，淋上香菇芡汁，浮島般的意象不言自明。

小鉢（小付）
生豆皮

磨成泥的生豆皮柔軟綿密、入口即化。上頭以細如絲的海苔妝點。

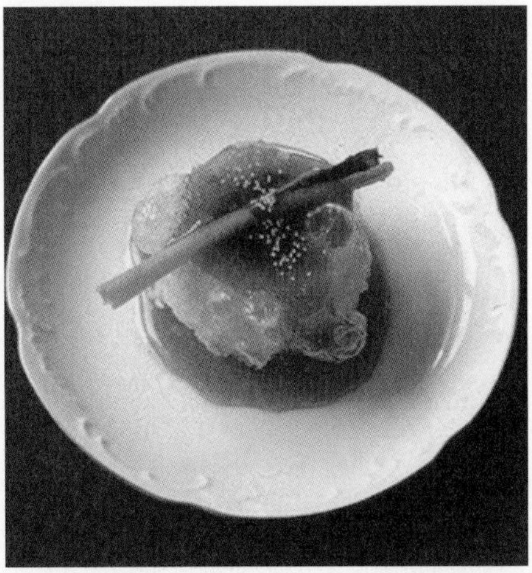

炸物

田每之月

這是若麻績勝子從北信濃梯田獲得的靈感而設計的菜色。挖出蕪菁果肉後煮軟，填入味噌拌款冬做內餡再下鍋炸，擺在抹上沾醬的器皿中，以芹菜等綠葉蔬菜妝點，即成這道美麗的炸物。依季節變化，食材也多少不同。

下酒菜（進肴）

甜煮高原豆

高原豆（紫花豆）煮得飽滿圓潤又入味。飛田和緒很想學會做法，請主廚在下一頁為我們示範。

下酒菜

芥茉醋溜馬鈴薯

這道也是飛田和緒十分喜愛，請小川主廚於下一頁為我們示範的菜色。

主食

石餅之花

沒想到會出現如此美麗的主食！雪白的山藥泥為底，放上桃色的糯米餅，以細昆布絲做成的松葉點綴，美不勝收。

醋物

水雲白菊醋

整個用餐過程中首度出現海味。水雲（譯註：類似髮菜的褐色海藻）作為基底，再擺上小黃瓜絲及白蘿蔔刻成的菊花。

醬菜（香物）

醃漬野澤菜

以前每到產季，農家就得全員出動醃漬野澤菜。這碟醬菜中除了漬野澤菜，還有自製的信州醬菜代表——酒糟白瓜。

水果

肉桂燉蘋果

蘋果是信州水果代表，加上肉桂燉煮出來的香味與溫和的甜味。

甜煮高原豆

將高原豆放進小蘇打水中
浸泡一個晚上，
再換清水以文火
熬煮約６個小時即可完成。
小川主廚雖然說得容易，
但其實做起來可不簡單。

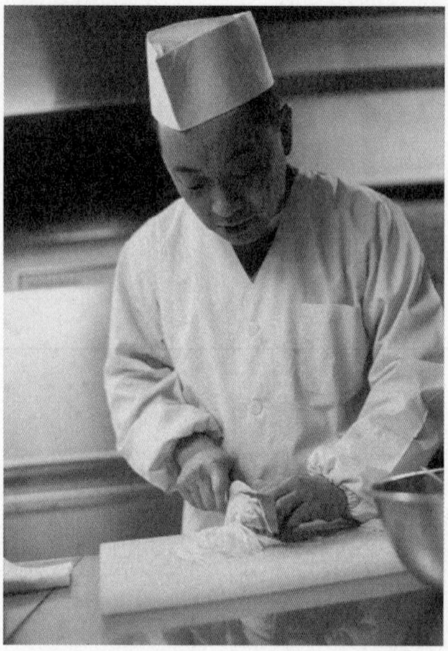

掌管淵之坊廚房大小事的小川真宏，他的職稱是「副總管」，大學畢業之後就任職於淵之坊至今。

以文火熬煮的高原豆在鍋中幾乎靜止不動。據說是控制火候在不讓豆子滾動的文火是美味的關鍵。

這張照片試著要拍出煮高原豆的火候，但那文火小到在照片中幾乎看不出來。

芥茉醋溜馬鈴薯

使用的馬鈴薯品種為五月女王（May Queen）。不用刨絲器而是以菜刀切絲，才能維持一定的形狀。小川主廚在為我們解說製作過程的同時，手上的動作也不曾停下。

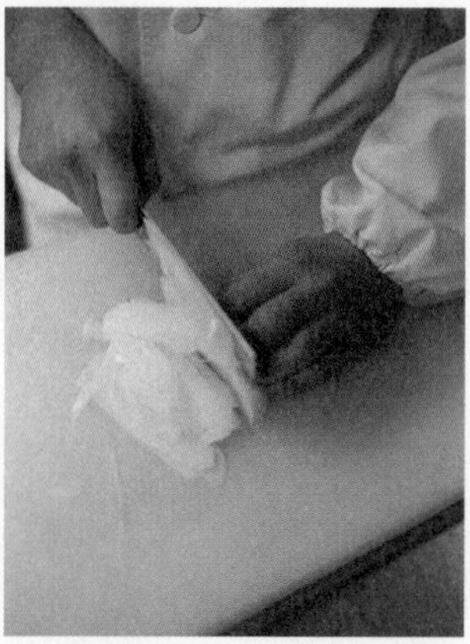

將馬鈴薯去皮後，切成一釐米左右的薄片。薄到快切到手，小川主廚的刀功真不是蓋的！

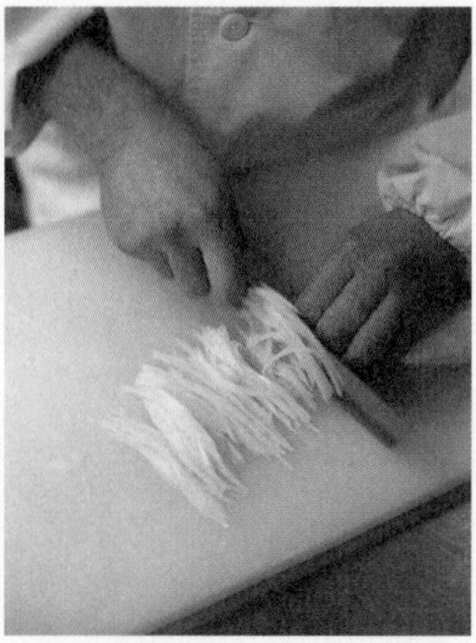

將切好的薄片疊在一起後，縱切出細如線的美麗馬鈴薯絲。

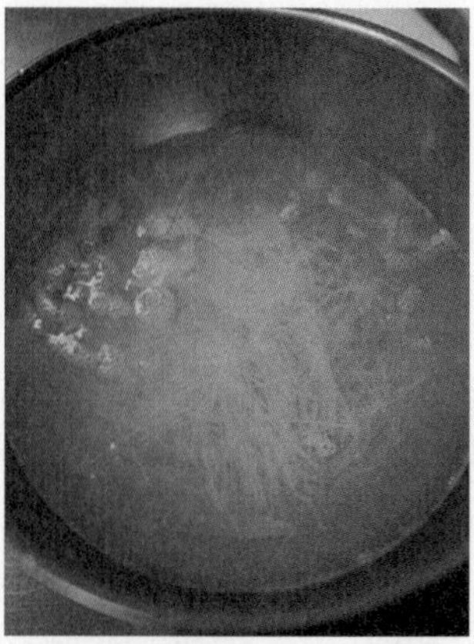

切好的馬鈴薯絲要過冰水。不要泡太久，只要稍微洗去雜質之後就撈起、瀝乾。

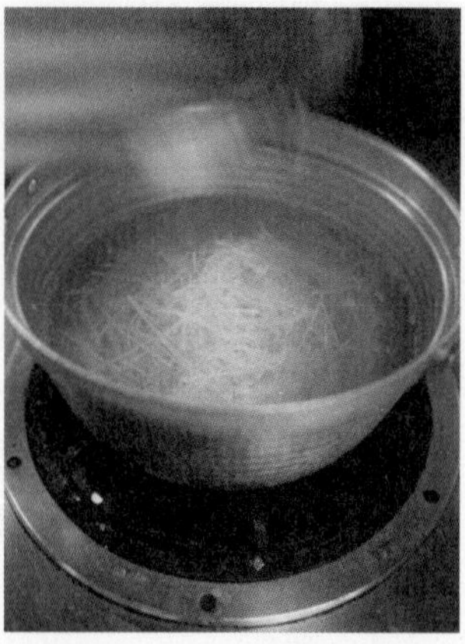

起一鍋煮水，水滾了之後將馬鈴薯下鍋煮，時間大約是20～30秒，依分量調整。

煮好的馬鈴薯撈起，並拿到水龍頭下以活水沖洗，去除表面的黏液後，就能保有清脆的口感。

用篩子瀝去水氣的馬鈴薯絲是那麼地楚楚動人。根根粗細相同，專業技巧表露無遺。

公文美和的攝影日記❽

美味日日

淺草的中華料理

壽喜燒

搭車過吊橋

千葉的草莓

金閣寺

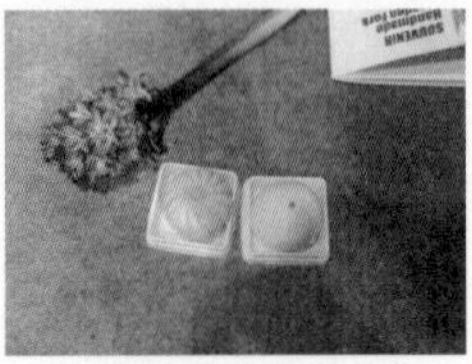
可愛的和果子

玫瑰紅茶

新瀉縣村上市的名產

拍攝工作的午餐

愛媛的蜜柑

草莓形狀餅乾

拍攝工作的午餐

野花

蘋果花

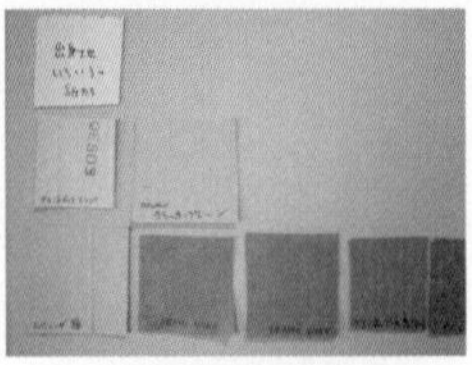
maane的牆壁

時髦的店裡

取聖水

拉杜蕾（Ladurée）
的蛋糕

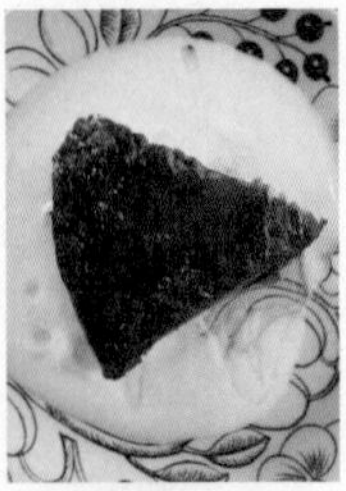
反轉蘋果派

在INODA咖啡店的
早餐

尾道

淺草的手工烤米果

阿嬤的針線盒

高知產的地瓜

秋篠之森的食堂

父親的攝影展

高知物產

國王餅

秋篠之森的前菜

小核桃

情人節用

父親的攝影展

法式午餐

咖啡歐蕾上的臉

涼拌木通蔓

鹽烤黑喉魚

黃色堇花

作成底片盒

新瀉縣村上市的名產

粽子

奈良的和果子

《日々》總編輯家裡的木瓜花

高橋良枝做的

高知物產

在船上植栽

奈良的大佛

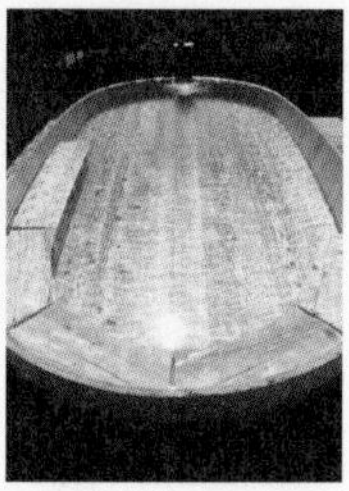
西山溫泉

彩繪玻璃

2009東京馬拉松

貝果的印記

京都的居酒屋

金絲瓜

根津的蘋果派

草莓的花

東京導覽書

喝茶

拍攝工作的午餐

嶺貴子的生活花藝

多肉植物組合

長得飽滿、胖胖的多肉植物，
看了就讓人不自覺會心微笑。
加上多肉植物不必常澆水。
似乎是園藝新手（懶人？）的好朋友呢！

挑選數種喜歡的多肉植物，
跟著嶺貴子老師一起，
用可愛的、繽紛的植物來妝點生活吧！

用不同的籃子組合多肉植物，
會呈現出不一樣的感覺呢！

用棉紙包成糖果狀，當成禮物，收到的人一定很開心吧！

嶺貴子
Mine Takako

1976年生，NY School of Visual Art大學視覺藝術系畢業後，曾在紐約的櫥窗設計公司研習。
曾在花店以及歐洲進口服飾雜貨店擔任採購。婚後成為花藝設計師，從事花藝布置、花藝教室、服飾花藝搭配設計的工作。三年前移居台灣。現為花藝設計師。

Nettle Plants
位於生活道具店「赤峰28」一樓的花店。除了販售切花、乾燥花、各式花禮之外，不時也會開設花藝課程。相關開課內容請洽contact@thexiaoqi.com
地址：台北市中山區赤峰街28號1樓
電話：02-2555-6969

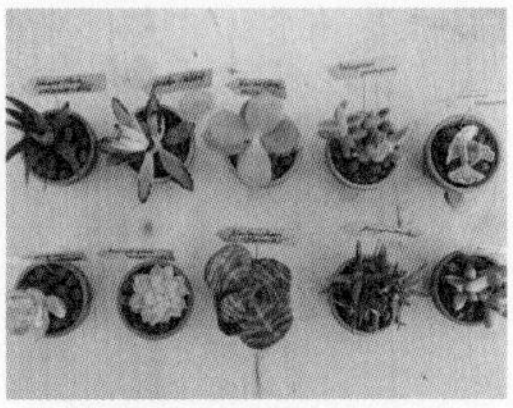

材料：
• 多肉植物數種　• 青苔　• 乾燥的泥炭蘚
• Fog-圓形雜物籃

❶ 先將乾燥的泥炭蘚加水，用手搓揉、泡開。

❷ 將青苔鋪在籃子底部與周圍。

❸ 將泥炭蘚鋪在青苔上面。

❹ 將多肉植物從原本的盆子裡脫盆，放進籃子裡。

❺ 依照喜好分布多肉植物。前面可以選擇向前傾或容易垂下的品種，中間選擇深色、後面選擇瘦高的品種。

❻ 裝置完成。

34號的生活隨筆❻

生活原始的步調

圖．文—34號

前一陣子讀了平松洋子女士的《平松洋子的廚房道具》，她毅然改掉過去十多年的習慣；將微波爐從生活中撤離，也等於告別了冷凍食品，決心用心烹飪、細細品嘗三餐。我們家的微波爐是和烤箱、蒸爐一起的三合一機型，但從之前的微波爐汰舊換新成現在的三合一機型起，我便選擇不再使用其中的微波爐功能，至今也過了四年，生活裡或許少了些速度感，但卻因此找回了原本該有的步調。

一天從起床熱杯牛奶、豆漿、或熱湯給孩子暖身體開始，不用微波爐的日子，不再只是按按鈕、聽著「叮」一聲、取出加熱食物，而是選個適合的鍋子、開火、耐心等待鍋中食物沸騰、關上火、盛出食物放進容器，多了幾個步驟，也增加了處理的時間，然而因為需要處理的時間增加了，所以早上就早一些起床、多一些耐心等待、放心思在即將入口的食物，確保不會不夠熱、或是煮乾，至於麻煩與不習慣則是從來沒有過。

一般使用開飲機、桶裝蒸餾水、24小時保持熱度的插電保溫壺等的家庭，想要喝杯熱水只消按按鈕，不過我們家一直以來從沒用過上述幾項，理所當然的以水壺在爐上煮水沸騰、倒入涼水壺、喝完了再煮，需要熱水時也是每次再現燒一壺新鮮的滾水。看似麻煩，但在健康上來看卻因此沒有喝過長期盛裝在開飲機、或蒸餾水的塑膠水桶裡、或是悶在插電保溫壺裡不斷重複沸騰的水。其實這不過就是生活原始該有的步調，求快求方便往往失去了許多生活中良美的本質。

燒水、磨豆、緩緩且心平氣和的手沖一杯咖啡，或是撕開包裝倒出粉末快速來杯三合一咖啡？揀選良質食材、洗淨、切塊、放進滾水汆燙、撈去雜沫、與時間交朋友熬上一鍋真材實料、濃郁氣味的高湯，或是方便地丟顆高湯塊不用幾分鐘就有一鍋合成高湯？朋友中有越來越多人，為了家人孩子每晚使勁揉著麵糰、等待發酵、烤出香噴噴麵包，也許生活原始的步調看似緩慢，但不也因此得到了該有的生活品質？

日々・日文版 no.16

編輯・發行人——高橋良枝
設計——渡部浩美
發行所——株式會社 Atelier Vie
http：//www.iihibi.com/
E-mail：info@iihibi.com
發行日——no.16：2009年6月1日

日文版後記

感謝「椅子的問卷調查」得到了許多藝廊、雜貨店和器皿店的幫忙。因為各位的幫助，這期變成非常有《日々》風格的特集。老實說，當初真沒想到會得到工作繁忙的各位給予我們如此的回覆。不過對於沒有送來照片以致於無法刊登的文章，特此致歉。

建築家中村好文與木工設計師三谷龍二的對談，在相當和樂的氣氛中，妙語如珠。本來就是好友的兩人，冬天也一起去義大利威尼斯旅行了吧！但據說「兩人都只是在飯房間裡寫稿」，儘管如此，似乎也是樂在其中呢！

長野市的善光寺可說是自古以來集庶民信仰於一身的寺院。在那裡的香客房「淵之坊」品嘗到的料理，讓人對素食料理耳目一新。雖然食材主要都是蔬菜，在下過工夫的調理下，味道醇厚、美味又美觀。完全違背原本對於素食料理吃了很快會肚子餓的期待（？）呢！（高橋）

日日・中文版 no.11

主編——王筱玲
大藝出版主編——賴譽夫
大藝出版副主編——王淑儀
設計・排版——黃淑華
發行人——江明玉
發行所——大鴻藝術股份有限公司｜大藝出版事業部
台北市103大同區鄭州路87號11樓之2
電話：（02）2559-0510　傳真：（02）2559-0508
E-mail：service @ abigart.com
總經銷：高寶書版集團
台北市114內湖區洲子街88號3F
電話：（02）2799-2788　傳真：（02）2799-0909
印刷：韋懋實業有限公司

發行日——2014年4月初版一刷
ISBN 978-986-90240-4-4

日日 / 日日編輯部編著. -- 初版. -- 臺北市 ：
大鴻藝術, 2014.04　56面 ; 19×26公分
ISBN 978-986-90240-4-4（第11冊：平裝）
1.商品 2.臺灣 3.日本
496.1　　101018664

中文版後記

三月份是工作中非常忙碌的一個月，但也漸漸脫離了冬天的陰霾，讓人看到了一點春天的氣息。這期的台灣自製內容特別採訪了《麵包，湯與貓咪日和》的兩位女演員。他們參與的幾部戲，都是關於女性的議題。《海鷗食堂》講的是想到遠方去開始新的人生，而《麵包，湯與貓咪日和》一劇，講的是人生當中的各種喪失，不管戲裡戲外，這些女性前輩自在的生活態度都給了我們很大的勇氣。不免聯想到，就像當初《日々》雜誌由四位女性開始一樣，從雜誌裡頭，這些人生的前輩也引導著我們一步步地找回生活的樣貌，跟最初想要的人生，然後「它」隨時可以重新開始。（江明玉）

大藝出版Facebook粉絲頁http：//www.facebook.com/abigartpress
日日Facebook粉絲頁 https：//www.facebook.com/hibi2012